常见猪病类症鉴别诊断剖析

主　编　魏光河　肖　丹

副主编　程远芳　丁孟建　刘天强　曾饶琼

科学出版社

北京

内 容 简 介

本书是通威股份有限公司科技创新基金资助的"规模猪场常见猪病智能诊断体系"的项目研究成果。本书以图文并茂的方式对常见猪病通过临床主要表征将其分为9类，分别从病原特点及敏感药物、流行与发病特点、临床主要表征与主要病理特征、类症鉴别诊断剖析及类症综合防控措施等方面对各类症群疾病进行阐述和鉴别。本书图片结合文字，较完整地展示和阐述临床易混淆疾病的鉴别诊断要点，突破传统的其他类似书籍仅通过图片或文字进行的鉴别诊断。本书的出版，将对从事养猪业的技术人员在猪病识别、猪病准确诊断等方面起到积极的指导作用。

本书可供从事生猪饲养的专业户和猪病防治人员、相关院校畜牧兽医专业的师生、从事生猪生产的相关企业人员等参考、阅读。

图书在版编目（CIP）数据

常见猪病类症鉴别诊断剖析 / 魏光河，肖丹主编 . —北京：科学出版社，2017.9

ISBN 978-7-03-054473-5

Ⅰ.①常… Ⅱ.①魏… ②肖… Ⅲ.①猪病—鉴别诊断—剖析

Ⅳ.① S858.28-64

中国版本图书馆 CIP 数据核字（2017）第 221821 号

责任编辑：张 展 孟 锐 / 责任校对：王 翔
责任印制：罗 科 / 封面设计：墨创文化

科 学 出 版 社 出版
北京东黄城根北街 16 号
邮政编码：100717
http://www.sciencep.com

四川煤田地质制图印刷厂 印刷
科学出版社发行 各地新华书店经销
*
2017 年 9 月第 一 版 开本：720×1000 B5
2017 年 9 月第一次印刷 印张：8 1/4
字数：163 800
定价：**85.00 元**
（如有印装质量问题，我社负责调换）

编 委 会

前　　言

中国在经历了多年以农户为单位的传统散养粗放式养殖模式后，于 20 世纪 90 年代进入规模养殖时代，目前正经历由规模养殖时代向标准化、产业化养殖时代发展，养殖规模越来越大，标准化越来越高。伴随着单个养殖场养殖规模越来越大、国外新品种的大量引入及养殖环境的变化，猪病越来越成为影响和制约各养殖企业（集团）养殖效益最重要的因素。具备扎实的理论基础、与时俱进的经营管理理念及丰富的临床经验是一名优秀的养猪技术人员及管理者必备的条件，这类人才也成为各养殖企业高薪聘请的主要对象。

由于中国规模猪场处于标准化、现代化的发展阶段，管理者与养殖人员的工作、生活环境与国外相差较大，与规模猪场之外的国内其他工作环境差距更大，特殊的工作环境以及中国社会对目前农业尤其养猪业属于较低等行业的误解与看法，使各种规模的养猪场多以非专业毕业或低水平的中职学校毕业的学生负责技术为主，这些技术人员对小规模或单个病例具有较高的防治水平。本身理论知识的欠缺、养殖环境的变化等因素导致猪病不再是以单一疾病的形式出现，而是以一种或两种疾病为主的多病原形式混合感染，使临床出现疫情后较难确诊，导致各规模猪场大规模疫病暴发的情况时有报道。另外，从事临床诊断技术的人员因自身的虚荣心也不愿意请教临床遇到的问题，致使临床出现误诊频率较高，降低了养殖效益。由于担心养殖技术人员的流失及生物安全问题，较多的猪场尤其民营的中大型个体养猪场投资者一般不支持技术人员参加各种技术培训会议，除非由老板本人带队，这在一定程度上阻碍了养猪技术水平的提高。

猪病诊疗水平是衡量一名执业兽医师合格与否最重要的考核标准。临床猪病诊断需要根据发病猪只群发和单发而分别从流行病学、临床表征、剖检变化、外围调查等方面进行初步的临床诊断，确诊还需借助实验室的相关方法。然而，实验室诊断涉及较昂贵的实验仪器设备的投入，并需配备较高素质的专业人员，使作为确诊时最重要的环节——实验室诊断在临床中往往没有被应用，即使配备有实验室，也因试剂费用、人员成本等问题一般较少进行实验室诊断。另外，受从事诊疗的技术人员或兽医师诊疗水平的局限，临床猪病误诊发生的概率较大。剖检病变是实验室确诊之前最重要的诊断依据之一，但由于剖检专业性较强，又需长期的经验积累，导致目前出现诊断猪病多以临床症状为主、不确定性的剖检病变为辅的现状。尽管主要猪病均有典型的临床与病理剖检特征，但少部分猪病及各猪病的不同发病类型如猪传染性胸膜肺炎慢性型与慢性猪喘气病等易出现相似的临床症状和经历相同的器官病变，临床极难进行确诊。因此，在猪病临床诊疗中，必须有扎实的理论基础和丰富的临床经验作后盾，理论与实践结合，片面与具体统一，这样才能做出比较客观、公正的诊断。

　　本书为"规模猪场常见猪病智能诊断体系"研究项目的配套书籍，原计划以单一彩色图谱展示，后因部分疾病图片素材不全，结合编者在临床中接触的各类技术人员对发生猪病后进行准确临床诊断时遇到的常见问题，通过对临床表现类似症状的疾病进行归类，根据临床主要表征将规模猪场常见猪病分为呼吸障碍类症群、腹泻类症群、营养缺乏及繁殖障碍类症群、皮肤毛发损伤症群、神经紊乱类症群、神经紊乱类症群、常见中毒性类症群共 8 大类症群及其他常见病。考虑到本书既可作为初学者或非专业人员的教材或工具书，又可作为具有丰富临床经验的技术人员的参考用书，因此本书直观展示了疾病，每种类症群分别从类症概述、类症识别、类症鉴别剖析及类症群防控原则与针对性防控措施等方面进行阐述，既体现本书的知识性，又体现本书的临床经验性，确保满足不同读者的需求。

　　本书的编写得到了通威股份有限公司动物保健研究所、畜禽研究所及通威股份有限公司各分公司技术服务老师们的大力支持，在此表示衷心感谢。

　　本书的出版由通威科技创新基金及西南大学基础兽医学学科建设专项资金资助！

　　本书作者学识和经验有限，书中难免存在纰漏之处，敬请读者批评指正。

目　录

第一章　猪呼吸障碍类症群鉴别诊断

一、类　症　概　述

猪呼吸障碍表征是由多种病原、饲养管理等因素导致各阶段猪只以反复咳嗽、喘气、呼吸困难等为主要临床表征，同时引起料肉比和猪群死亡率增加的一类疾病。病变部位主要为猪呼吸系统。本类症群因呼吸困难等表征是其他类症群疾病临床较常见的共同表征，因此，针对大多数初学者或临床经验欠丰富的技术人员，在诊断中较易误诊。

根据临床主要表征，本书将猪传染性胸膜肺炎（porcine contagious pleuropneumonia，PCP）、猪支原体肺炎（mycoplasmal pneumonia of swine，MPS）、猪巴氏杆菌病、猪副嗜血杆菌（*Haemophilosis parasuis*，Hps）病、猪流行性感冒、猪传染性萎缩性鼻炎等归入猪呼吸障碍类症群。本类症群疾病目前多以亚急性型和慢性型为主，导致患猪生产性能降低，料肉比增加，生产成本上升，是目前导致规模猪场尤其单纯性育肥猪场养殖效益下降的主要病群之一。

二、类　症　识　别

（一）猪传染性胸膜肺炎（porcine contagious pleuropneumonia，PCP)

猪传染性胸膜肺炎亦称猪副溶血嗜血杆菌病，或猪嗜血杆菌胸膜肺炎，或猪胸膜肺炎，是由胸膜肺炎放线杆菌引起猪呼吸系统病变的一种严重接触性传染病。该病的典型特征表现为临床上的肺炎及两侧性肺炎、胸膜粘连、肺炎区色暗质脆的病变特征。急性病例病死率高，慢性者常能耐过。

近年来，该病在美洲、欧洲和亚洲一些国家和地区广泛流行。学者们认为该病呈广泛传播和逐年增长趋势，与养猪生产的高度集约化密切相关。目前，规模猪场猪繁殖与呼吸障碍综合征、猪圆环病毒 2 型、猪瘟等免疫抑制性疾病隐性感染的存在，导致该病与猪副嗜血杆菌、支原体肺炎混合感染，在断奶仔猪阶段发现较多病例，值得警惕和注意。

1. 病原

胸膜放线杆菌包括两个生物型：生物 I 型，即依赖 V 因子生长的原胸膜肺炎嗜血杆菌（*Haemophilus pleuropneumoniae*）；生物 II 型，即引起猪坏死性胸膜肺炎的似溶血性巴斯德氏菌，生长不依赖 V 因子。生物 I 型菌株为球杆菌或纤细的小杆菌，偶尔也有纤维状形态；生物 II 型菌株呈杆状，比生物 I 型菌株大些，并且具有两极浓染性。革兰氏染色阴性，不形成芽孢，无运动性，有荚膜。某些菌株具有周身性纤毛，特别是生物 I 型菌株的周身性纤毛非常纤细。

根据荚膜多糖及菌体脂多糖（LPS）的抗原性差异分类，本菌株共有 14 个血清型。生物 II 型中含有 2 个血清型（13 型、14 型），主要分布于欧洲，其致病性比生物 I 型要弱。生物 I 型含有 12 个血清型（1～12 型），其中血清 5 型又分为两个亚型（5a 和 5b）。世界各国流行的血清不尽相同，不同血清型之间的毒力有差异，1 型最强。各血清型之间有不同程度的交叉保护性，其中 8 型与血清 3 型、6 型，血清 1 型与 9 型间有血清学交叉反应。中国国内以血清 7 型为主，血清 2 型、3 型、5 型、8 型也存在。胸膜放线杆菌引起猪致病的主要毒力因素包括荚膜多糖、菌体脂多糖、外膜蛋白、转铁结合蛋白、蛋白酶、渗透因子及溶血素等。

2. 流行病学

不同年龄、性别的猪均易感，但以 3 月龄左右的青年猪最为易感。病猪和带菌猪是本病的传染源。传播途径主要是通过呼吸道，配种也可导致本病由种公猪传播给健康母猪或其他猪群。胸膜肺炎放线杆菌主要存在于患猪支气管、肺脏和鼻汁中，也位于病死猪的坏死肺脏及扁桃体中，若没正确处理尸体，携带有该病原菌的尸体污染环境也是本病的又一传染源。通风不良和没有定期消毒极易导致携带该病原菌的带菌猪排出大量病菌，增加猪群的感染概率。

本病具有明显的季节性，一般多发于每年的 4～5 月和 9～11 月。发病一般与饲养环境突然改变、密集饲养、气温急剧改变、通风不良、长途运输等应激因素密切相关，尤其长途运输后极易发生本病，因此又称"运输病"。另外，大群比小群易发本病。

3. 主要临床症状

根据病程经过可将此病临床表征分为最急性型、急性型、亚急性型和慢性型四型。

最急性型较少表现临床症状，往往前 1 天晚上精神、食欲正常，第 2 天清晨发现死在圈舍；或在采食过程中突然尖叫几声死亡，死亡猪只大多鼻孔流出带血色的泡沫样液体。急性型、亚急性型病猪体温在 41.5℃ 以上，呼吸急促而困难，临死前从口、鼻中流出大量带血色的泡沫状液体；耳、鼻及四肢末端皮肤呈蓝紫色。慢性型体温略有升高，为 39.5～40.0℃，食欲废绝或偶有食欲，不同程度间歇性咳嗽，增重缓慢。

4. 病理变化

根据病程长短，本病病理变化略有不同。呈急性或亚急性感染的猪传染性胸膜肺炎病死猪主要表现特征性的双侧性"红色肝变肺"；全身血液呈酱油色，凝固不良；气管、支气管充满白色泡沫或红色泡沫；胸膜、心包膜、膈肌等处有不同程度的纤维素性炎性物粘连，且很难分离；肺门淋巴结肿大、水肿，切面呈灰白色、略带黄色；结肠壁通常有程度不等的出血。病程较长的病死猪肺脏有程度不等的红色肉变。

病理变化如图 1-1～图 1-6 所示。

图 1-1　猪传染性胸膜肺炎 鼻孔流血

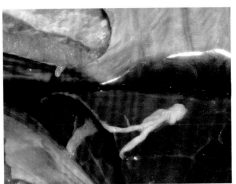

图 1-2　猪传染性胸膜肺炎"红色肝变肺"（一）

图 1-3　猪传染性胸膜肺炎"红色肝变肺"（二）

图 1-4　猪传染性胸膜肺炎"红色肝变肺"断面流出带泡沫的酱油样血液

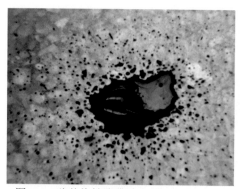

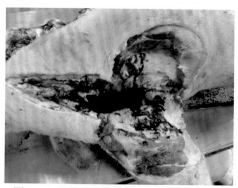

图 1-5　猪传染性胸膜肺炎 酱油样血液，
凝固不良（一）

图 1-6　猪传染性胸膜肺炎 酱油样血液，
凝固不良（二）

（二）猪支原体肺炎（mycoplasmal pneumonia of swine，MPS)

猪支原体肺炎又叫猪喘气病，是由猪支原体感染引起的高度接触性慢性呼吸道传染病。其主要症状是咳嗽和气喘，病变特征是肺脏的尖叶、心叶、中间叶和膈叶前缘呈肉样或虾肉样实变，典型特征为肺部对称性虾肉样变，慢性干咳，进行性消瘦。当前，规模猪场绝大多数猪呼吸道疾病综合征都与猪肺炎支原体参与致病有关。

1. 病原

本病的主要病原体是支原体科、支原体属的猪肺炎支原体。猪肺炎支原体无细胞壁，显微镜下呈多形态，有点状、丝状、杆状、球形等形状，直径为 0.2 ～ 0.5μm，革兰氏染色阴性。支原体是一种介于细菌和病毒之间、能自行繁殖的原核生物，较难在实验室进行培养。

2. 发病特点

猪肺炎支原体仅感染猪，不同品种、年龄、性别的猪均能感染，其中以哺乳猪和幼猪最易感，发病率和死亡率比较高。其次是妊娠后期的母猪和哺乳母猪，近十年来，规模化猪场育肥猪群程度不等地存在本病。母猪和成年猪多呈慢性或隐性感染。

病猪和带菌猪是本病的传染源。病原体存在于病猪及带菌猪的呼吸道器官分泌物中。隐性带菌猪是本病的主要传染源。

本病一年四季均可发生，但与饲养管理、饲养方式、气温变化等密切相关。一般饲养密度过大，清洁卫生及通风、采光较差，气候突然变化等的冬春季节发病较多，若遇更换饲料、营养不平衡等，会加重本病的发生和暴发流行。实行零排放饲养的猪场，本病较普遍。

3. 临床症状

本病主要临床症状表现为体温正常，采食正常或降低，慢性或急性干咳，尤其慢性型在清晨进食前后及剧烈运动时最明显；与同圈其他同龄正常健康猪只相比，体况略偏消瘦，个体比同日龄相同品种的猪只明显要小；气喘明显。

4. 病理变化

本病的特征性病变表现在肺脏及全身淋巴结。其中，肺脏呈典型的对称性虾肉样病变；全身淋巴结肿大，断面呈灰白或乳白色；部分病猪肺脏与肋胸膜粘连。

病理变化如图 1-7～图 1-11 所示。

图 1-7 猪喘气病 咳喘

图 1-8 猪喘气病 淋巴结断面为灰白色（一）

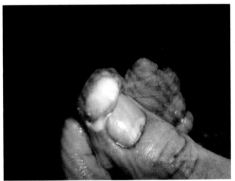

图 1-9 猪喘气病 淋巴结断面为灰白色（二）

图 1-10 猪喘气病 肺脏对称性虾肉样病变（一）

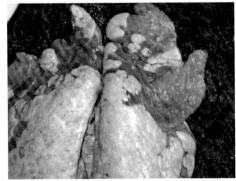

图 1-11 猪喘气病 肺脏对称性虾肉样病变（二）

（三）猪副嗜血杆菌（*Haemophilosis parasuis*，Hps）

猪副嗜血杆菌病又称纤维素性浆膜炎和关节炎，也称格拉瑟氏病，或猪格氏病，是由猪副嗜血杆菌引起5～8周龄仔猪出现以全身性浆膜炎、关节炎为特征的一种细菌性传染病，以断奶仔猪为主。近年来，因种猪群免疫失败、猪场饲养管理水平低下等原因，该病成为引起断乳仔猪发病和死亡的主要病原之一，严重影响猪场养殖效益。

1. 病原

本病的病原为嗜血杆菌属的猪副嗜血杆菌，革兰氏染色阴性、非溶血NAD依赖性短小杆菌，有时呈球形、棒状或丝状，无鞭毛、芽胞，通常可见荚膜，美蓝染色呈两极着色。本菌株的离体培养需要烟酰胺腺嘌呤二核苷酸（NAD）或V因子。猪副嗜血杆菌根据表型特征和致病力划分为15个血清型，其中4型、5型和13型最常见。各血清间毒力差别很大，1型、5型、10型毒力最强，8型和15型为中等毒力，一般认为3型和6型与临床症状无关。但是到目前为止，毒力的分子基础还未确立；本菌存在大量的异源基因，采取分子生物学手段对本菌也较难进行科学分群。

2. 发病特点

猪副嗜血杆菌只感染猪，2～4月龄猪只均易感，具有很强的宿主特异性。仔猪易感，尤其断奶后10d至保育阶段仔猪多易发本病。

患猪或带菌猪是本病的主要传染源。该菌是猪上呼吸道共生菌。本病主要通过空气经呼吸道传播，病原也可以经过排泄物、分泌物等污染饲料和饮水。有人发现，经产母猪的胎衣等分泌物中猪副嗜血杆菌的含量要比初产母猪高许多。另外，生长环境的恶劣、营养不良、天气突变、不同日龄猪的混养、提前断奶、转群以及运输等各种应激因素都有可能成为诱发本病的原因。

目前，本病在断乳仔猪中的感染、爆发流行与种猪群免疫失败或隐性感染猪繁殖与呼吸障碍综合征病毒、猪伪狂犬病毒、猪瘟病毒或猪圆环病毒2型等密切相关。据报道，临床发现猪瘟、猪伪狂犬病、猪繁殖与呼吸障碍综合征、猪圆环病毒病抗原检测阳性的猪场，或这几种病原抗体检测水平均较低的猪场，其猪副嗜血杆菌病感染现象相对较为多见。

3.临床症状

发病仔猪体温升高至 40.5 ～ 42.0℃不等；咳嗽、呼吸困难；消瘦，被毛粗乱，厌食；反应迟钝，疼痛；关节尤其后肢跗关节肿胀明显，跛行，颤抖，共济失调；侧卧，随后迅速死亡。慢性型是本病最多见的病型，病猪精神沉郁，食欲降低或正常，间歇性排黄色或灰色稀粪，被毛粗乱无光泽，且较长；生长迟缓，外观后肢跗关节肿胀最为明显，其次是前肢的肩关节或肘关节，患病后期的病仔猪多呈不间断式地零星死亡特征。

4.病理变化

本菌引起的病死猪以全身多发性浆膜炎和关节炎为主要病理特征。全身淋巴结肿大，切面呈一致的灰白色。胸膜、腹膜、心包膜以及关节的浆膜出现纤维素性炎，表现为单个或多个浆膜的浆液性或化脓性的纤维蛋白渗出物，外观淡黄色蛋皮样的或薄膜状的伪膜附着在肺胸膜、肋胸膜、心包膜、脾脏、肝脏、腹膜、肠以及关节等器官表面，亦有条索状纤维素性膜。一般情况下，肺脏和心包的纤维素性炎同时存在。

病理变化如图 1-12 ～图 1-16 所示。

图 1-12　猪副嗜血杆菌病　被毛粗乱无光泽，外观似"卷毛猪"

图 1-13　猪副嗜血杆菌病　肿胀的跗关节积蓄的关节液　　图 1-14　猪副嗜血杆菌病　积蓄的
关节液

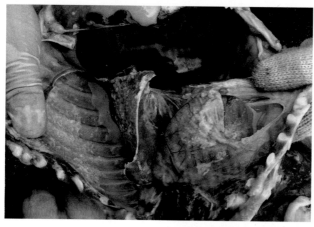

图 1-15　猪副嗜血杆菌病　胸膜腔纤维素性沉积

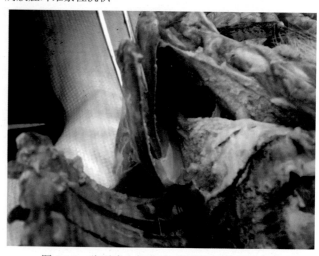

图 1-16　猪副嗜血杆菌病　胸膜腔纤维素性炎症

（四）猪肺疫（swine pasteurellosis）

猪肺疫又名猪巴氏杆菌病，主要是由多杀性巴氏杆菌及溶血性巴氏杆菌引起畜禽共患的传染病，又称出血性败血症（hemorrhagic septicaemia）。本病的特征是最急性型呈败血症变化，咽喉部急性肿胀，高度呼吸困难，故又名"锁喉风"。急性病例以败血症和炎症出血过程为主要特征；慢性病例的病变只局限于局部器官。

1. 病原

本病的主要病原是多杀性巴氏杆菌（*Pasteurella multocida*）、溶血性巴氏杆菌（*Pasteurella haemolytica*）和鸡巴氏杆菌（*Pasteurella gallinaum*），属于巴斯德氏菌科（Pasteurellaceae）巴斯德氏菌属（*Pasteurella*）的成员。多杀性巴氏杆菌革兰氏染色阴性，美蓝或瑞氏染色呈明显的两极着色性的两端钝圆的短杆菌，单个存在，无鞭毛，无芽孢，无运动性，产毒株则有明显的荚膜。

依据荚膜抗原将多杀性巴氏杆菌分为 A、B、C、D、E、F 6 个血清型，菌体抗原有 16 个血清型。不同血清型菌株的致病性和宿主特异性有差异。中国境内感染猪的巴氏杆菌以 5 ∶ A 和 6 ∶ B 血清型为主，其次是 8 ∶ A 和 2 ∶ D。各荚膜型之间不能交互保护。

巴氏杆菌对理化因素的抵抗力很低，在自然界中生长的时间不长，浅层的土壤中可存活 7～8d，粪便中可存活 14d。一般消毒药在数分钟内均可将其杀死。本菌对青霉素、链霉素、四环素、土霉素、磺胺类药物及许多新的抗菌药物敏感。

2. 发病特点

各年龄猪均易感本病，但以小猪、中猪易感性较大为特征；其他畜禽也能感染本病。病猪、带菌猪是本病主要传染源，主要经呼吸道，消化道或损伤皮肤、黏膜或借助于吸血昆虫的叮咬进行传播和感染。在健康猪呼吸道中常带有本菌，但多为弱毒或无毒的类型。

本病多为散发，有时可呈地方流行性。一般无明显的季节性，但以冷热交替、气候剧变、潮湿、闷热、拥挤、通风不良、多雨时期发生较多；在南方大多发生在潮湿闷热及多雨季节。一些诱发因素如营养不良、寄生虫、长途运输、饲养管理条件不良等降低了猪体的抵抗力，或发生某种传染病时，病菌乘机侵入机体内，使毒力增强，引起发病。

3. 临床症状

本病根据发病经过分为最急性型、急性型和慢性型三种临床表征。急性型和最急性型主要临床表征包括发病猪体温升高至41～42℃，食欲废绝，呼吸困难，往往呈犬坐姿势进行呼吸，后期匍匐在地呼吸；触摸发病猪颈部靠近咽喉部位有坚硬的发热感；四肢末梢、耳朵、嘴唇等呈暗红色，可视黏膜发绀。

慢性型易与猪喘气病混淆，主要表现持续性咳嗽与呼吸困难，鼻孔不时流出黏性或脓性分泌物，胸部触诊有痛感，精神不振，食欲降低。若不及时治疗，往往以死亡告终。

4. 病理变化

最急性型可见咽喉部及周围组织有出血性胶样浸润，皮下组织可见大量胶冻样液体；全身淋巴结肿大，切面弥散性出血；肺脏以充血、出血、水肿为主。急性型以纤维素性肺炎为主，肺脏的病变部位与正常部位之间有明显的分界线，肺炎区切面红白相间，呈大理石样花纹。

慢性型病死猪机体消瘦、贫血。肝变区较大，并有黄色或灰色坏死灶，外面包有结缔组织被膜，内含干酪样物质；有的形成空洞，与支气管相通。心包与胸腔常积大量黄色混浊的液体，肺脏、肋胸膜常发生粘连。

病理变化如图1-17～图1-21所示。

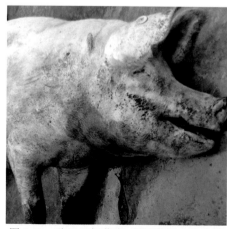

图1-17　猪巴氏杆菌病　颈部嘴唇皮肤发绀

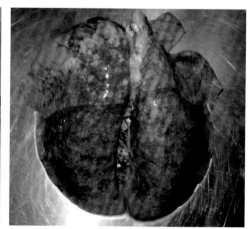

图1-18　猪巴氏杆菌病　肺脏充血出血

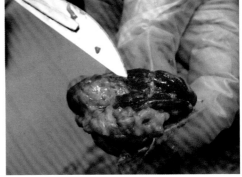

图 1-19　猪巴氏杆菌病　喉黏膜重度充血出血　　图 1-20　猪巴氏杆菌病　淋巴结弥漫性出血

图 1-21　猪巴氏杆菌　气管充满白色液体

（五）猪传染性萎缩性鼻炎（swine infectious atrophic rhinitis）

猪传染性萎缩性鼻炎是猪的细菌性慢性消耗性传染病。本病以慢性鼻炎、颜面部变形、鼻甲骨萎缩为特征。

1. 病原

本病的病原是支气管败血波氏杆菌和产毒性多杀性巴氏杆菌。

2. 流行病学

各年龄猪群均可发生，但以断奶至保育阶段仔猪易发。本病发病率低，病死率极低。本病一旦发生，很难从猪场根除。通过飞沫经呼吸道传播是本病的主要传播途径。感染本病的母猪可传给仔猪；感染本病的病仔猪，饲料利用率均降低。

3. 临床症状

图 1-22　猪传染性萎缩性鼻炎
鼻梁扭曲变形

病猪鼻甲骨损伤，鼻子歪向病损严重的一侧；病猪打喷嚏，鼻的分泌物呈血红色，有时流鼻血；病猪经常流泪，在猪的下眼角形成弯月形或香蕉形的黄色或黑色泪斑痕。因此，下眼角弯月形的泪斑及歪鼻子是本病临床特征性表征。

4. 病理变化

最具特征性的病变是鼻腔的骨组织变软和萎缩，主要是鼻甲骨，尤其下鼻甲骨变化最明显。病理变化如图 1-22 所示。

（六）猪流行性感冒（swine influenza）

猪流行性感冒也称猪流感，是由 A 型流感病毒引起的猪的一种急性、高度接触性呼吸道传染病。其主要特征为突然发病、咳嗽、呼吸困难、发热、虚脱及迅速康复，病情可在短时间内波及全群。猪流感病毒可附着于纤毛，并可在鼻黏膜、扁桃体、淋巴结和肺脏中进行繁殖，损害猪肺部的防卫机制，使得猪对其他病毒或细菌敞开大门。如果单一猪感染流感病毒，其往往呈现良性过程；但如果出现继发感染，其症状和病变加重。

1. 病原

本病的病原体为黏病毒科 A 型流感病毒属的猪流行性感冒病毒。

2. 流行病学

发病迅速，随后迅速康复；发病率高（可达 100%），病死率低（一般不超过 1%）；本病的发生没有年龄、性别、品种的差别。本病一年四季均可发生，但以天气骤变的早春、晚秋和冬季多见。

3. 临床症状

突然发病，几乎全群同时发生；体温升高至 40 ～ 42℃；厌食或不食，反应迟钝，蜷缩，病猪常挤在一起；肌肉酸痛，常卧地不愿走动，甚至强行驱赶也不愿走动；呼吸急促，阵发性咳嗽、打喷嚏、流鼻涕，常伴有结膜炎和鼻炎等。

4.病理变化

病变部位多数局限于肺部的尖叶和心叶，在严重的病例中肺部的一半以上发生病变；通常在病变和正常的肺脏组织之间有明显的分界线，病变部位呈紫色的硬结；一些肺间质明显水肿；呼吸道内含血色、纤维蛋白性渗出物，严重病例可见纤维蛋白性胸膜炎。

病理变化如图1-23～图1-28所示。

图1-23　猪流感　打堆和嗜睡

图1-24　猪流感　流清涕和喷嚏

图1-25　猪流感　流清鼻涕，吻突干燥

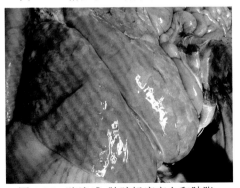

图1-26　猪流感　肺脏轻度充血和肿胀

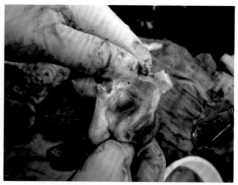

图 1-27　猪流感 胃底部黏膜充血　　图 1-28　气管及咽喉 蓄积程度不等的白色泡沫

三、呼吸障碍类症群鉴别诊断剖析

本类症群共包括猪传染性胸膜肺炎、猪支原体肺炎、猪巴氏杆菌病、猪副嗜血杆菌病、猪传染性萎缩性鼻炎和猪流行性感冒共六种疾病。

（一）猪呼吸障碍类症群鉴别分析

1. 发病季节区别

猪传染性胸膜肺炎多发生于每年的4～5月及9～11月，流行性感冒多发于寒冷的冬春季节及气温变化较大的季节；其他四种呼吸障碍类症疾病均无明显的季节性。

2. 临床症状区别

1）呼吸障碍临床表征鉴别分析

猪传染性胸膜肺炎、猪巴氏杆菌病常呈急性和严重性的呼吸障碍表征，猪副嗜血杆菌病与猪传染性萎缩性鼻炎、猪流行性感冒常呈渐进性呼吸障碍表征；猪支原体肺炎多以频繁干咳为主。

2）体温变化鉴别分析

猪支原体肺炎一般体温正常，其他五种疾病体温都有程度不等的升高。其中猪巴氏杆菌病及猪传染性胸膜肺炎、猪流行性感冒多呈高烧表征。

3）特征性临床表征鉴别分析

猪流感传播迅速，大小猪只呈陆续或同时发病的特点，发病猪以高烧、流鼻涕、频繁咳嗽、喜打堆不愿意走动、全身肌肉酸痛为特征；单纯感染病死率较低。猪传染性胸膜肺炎多呈急性或亚急性死亡，死亡猪只多从鼻孔流出带血样的泡沫液体，嘴唇、胸腹部皮肤发绀，呈暗红色；猪巴氏杆菌病多呈犬坐式呼吸，呼吸困难、触摸颈部喉周围有发热的硬物感，其他几种疾病无此种表征。猪副嗜血杆菌多发生于保育阶段的猪群，病猪后肢跗关节肿胀明显，其他五种呼吸障碍类症疾病少有典型的后肢关节炎肿胀情况；猪萎缩性鼻炎以断乳仔猪、保育仔猪最易发生；病猪鼻骨以程度不等的变形并伴随鲜红色的血液流出、喷嚏增多为特征而与其他几种类症疾病相区别。

4）特征性剖解病变鉴别剖析

猪传染性胸膜肺炎的病死猪肺脏多呈"红色肝变肺"，肺脏断面流出酱油样带泡沫的血液，全身血液均呈酱油样且凝固不良。猪巴氏杆菌病死猪颈部皮下、咽喉部黏膜下呈胶冻状浸润；咽喉黏膜严重充血、出血，有程度不等的血样泡沫；全身淋巴结断面呈红白相间的豆腐样外观。猪副嗜血杆菌病以多发性浆膜炎和关节炎导致胸腹腔纤维素性炎性分泌物沉积、肺脏与肋胸膜粘连、关节积浑浊液体等为特征；猪喘气病以全身淋巴结断面为灰白色、肺脏呈对称性的虾肉样病变为特征；猪萎缩性鼻炎以鼻甲骨变形为特征；猪流行性感冒的病死猪全身淋巴结充血、水肿和肿胀，外观和断面呈淡红色；脑膜有程度不等的充血和出血。

（二）重点疾病与其他症候群疾病鉴别剖析

1. 猪巴氏杆菌病、猪传染性胸膜肺炎

1）易误诊的其他类症疾病

猪传染性胸膜肺炎、猪巴氏杆菌病除易与呼吸障碍症候群的相关疾病混淆外，也易与猪瘟、猪高致病性蓝耳病（猪繁殖与呼吸障碍综合征）、败血型猪链球菌病、猪弓形体病和急性败血型猪丹毒混淆。

2）易混表征

猪巴氏杆菌、猪传染性胸膜肺炎、急性败血型猪瘟、猪高致病性蓝耳病、败血型猪链球菌病、猪弓形体病及败血型猪丹毒等均表现为全身皮肤程度不等地发绀，颈、胸、腹部皮肤呈暗红色，呼吸困难，高烧等临床表征。

3）与其他类症疾病鉴别诊断要点

（1）从用药效果分析。猪巴氏杆菌病、猪传染性胸膜肺炎、猪链球菌病、猪弓形体病、猪丹毒使用敏感抗生素均能控制疾病的蔓延和扩大；猪瘟、猪高致病性蓝耳病使用抗生素不能控制疫情的蔓延和猪只死亡。

（2）从特征性临床表征分析。猪巴氏杆菌以犬坐姿势高度呼吸困难及触摸发

病猪喉咽部有硬结、发烫为主要临床表征；猪高致病性蓝耳病必须具有四大"风暴"（"流产风暴""死亡风暴""高热风暴""呼吸障碍或蓝耳风暴"）才能从临床初步确认为该病；猪传染性胸膜肺炎具有明显的发病季节，多发于每年的 4～5 月及 9～11 月，临死前或死后多从鼻孔流出暗红色的血液或泡沫的血样液体。猪弓形体病以背部毛孔、腹部毛孔渗血为主要临床表征，且多发于夏秋炎热季节。猪败血型链球菌病与猪丹毒无明显发病季节，临床特征不明显；但亚急性型猪丹毒在全身皮肤尤其躯干皮肤出现菱形、方形等皮肤疹块是其特征性临床表征，极易与其他疾病区别开来。

（3）从特征性的病理剖解分析。猪传染性胸膜肺炎以"红色肝变肺"、肺脏断面流出带泡沫的酱油样血液、全身血液凝固不良为特征；猪高致病性蓝耳病以全身淋巴结断面呈灰白色、特征性的间质性肺炎及蓝耳朵为特征；猪巴氏杆菌病以咽喉部皮下或黏膜下胶冻样浸润、肺脏及淋巴结断面呈豆腐渣样病变为主要特征；猪丹毒以樱桃红色脾、心房室口有菜花样赘生物（慢性）及大彩肾为其特征；猪链球菌病以在心室腔积煤焦油样血凝块、血凝不良、脑灰质及白质有出血点为特征；猪弓形体病以肝脏、肾脏、淋巴结等实质器官出现程度不等的白色坏死灶为其特征。

2. 猪副嗜血杆菌病

1）易误诊的其他类症疾病

猪副嗜血杆菌病易和猪链球菌病、慢性猪丹毒、慢性猪肺疫、慢性传染性腊肺炎、猪喘气病混淆诊断。

2）易混表征

本病与其他病最相似的症状表现在关节肿胀和积液；体腔尤其胸腔肺脏与肋骨内表面易粘连，腹腔黏膜也易发生粘连；病猪群在呼吸困难症状发生时伴随慢性消瘦和慢性死亡。

3）与其他类症疾病鉴别诊断要点

（1）从发病猪精神、食欲与体温等方面进行区别。上述几种易与猪副嗜血杆菌混淆的疾病中，患猪喘气病的病猪体温、精神、食欲基本正常，包括猪副嗜血杆菌病在内的其他几种疾病均表现精神、食欲程度不等地降低，体温程度不同地升高。

（2）从发病对象进行区别。猪副嗜血杆菌多见于保育阶段仔猪；其他几种疾病多见于生长育肥猪。近几年，慢性传染性胸膜肺炎、慢性猪肺疫见于保育阶段及断乳期仔猪的案例也有报道。

（3）特征性临床表征鉴别。患猪副嗜血杆菌病以后肢附关节肿大，全身外观病仔猪毛发无光泽、变长和卷曲，似"卷毛猪"及慢性死亡为特征；猪喘气病以频繁咳嗽为特征，尤其清晨、深夜咳嗽最为明显；猪链球菌病以淋巴结脓肿或关节化脓性炎症引起的跛行为特征；慢性猪巴氏杆菌病与慢性猪丹毒无特征性的临床表征，但慢性猪丹毒一般以亚急性经过，在亚急性阶段躯干皮肤出现各种形状的皮肤疹块基本可以确诊。

（4）特征性病理剖解鉴别。猪副嗜血杆菌病和慢性猪喘气病全身淋巴结均呈外观灰白色、断面灰白或乳白色的病变，其他几种易误诊疾病因其淋巴结具有程度不等的充血、出血表征，可将其进行区别。

猪副嗜血杆菌病以全身多发性的浆膜炎导致的肋胸膜与肺脏、心包粘连，腹膜与胃肠粘连，胸膜腔及腹膜腔积有程度不等的混浊液体为特征；慢性猪喘气病尽管和猪副嗜血杆菌病有近似的剖解特征，但发病猪肺脏一般均呈对称性的虾肉样病变；慢性猪丹毒以心房室口有菜花样赘生物、樱桃红色的脾脏为其特征；慢性猪链球菌病关节肿大易与猪副嗜血杆菌混淆，但其淋巴结脓肿、关节腔为化脓性液体、剖解血液凝固不良、心室腔有煤焦油样血凝块，可与猪副嗜血杆菌区别；慢性传染性胸膜肺炎剖解病变其肺脏断面有酱油样、凝固不良血液流出是与猪副嗜血杆菌病的主要区别特征。慢性猪肺疫以全身淋巴结色泽外观呈红白相间样，基本能与副猪嗜血杆菌病区别。

四、猪呼吸障碍类症群防控原则及针对性防控措施

1.猪呼吸障碍类症群综合防控原则

1）分级免疫，定期抗原抗体水平监控

根据猪场类别（祖代猪场、父母代猪场、商品代猪场）针对呼吸系统传染病分级免疫，尤其做好猪瘟、猪繁殖与呼吸障碍综合征、猪圆环病毒2型及猪伪狂犬病毒病的免疫。祖代猪场原则上属于全免呼吸障碍类症群的病原疫苗，父母代猪场以常见和危害较重的传染性胸膜肺炎、喘气、巴氏杆菌及萎鼻等病原疫苗进行免疫，商品代猪场以危害生长育肥猪最严重的喘气病进行免疫。根据猪场类别严格定期执行免疫病原的抗体水平监测，并及时修正免疫程序。

2）加强饲养管理，营造舒适、洁净的猪舍环境

做好"四度一通风"工作，即按猪群科学控制饲养密度，做好猪舍通风及保温，定期清洁粪污，消毒操作程序严格、彻底，保持猪舍与猪舍之间的洁净度，为猪营造舒适、洁净的生活环境。

3）科学饲养和科学保健

改零排放饲养方式为水泥地面平养与高床饲养结合的饲养方式；增设各个阶

段猪群的运动空间和适宜的运动时间；同时，根据季节性变化，制定以中草药方剂、益生菌剂为主的保健制度，于饲料或饮水中连续添加 7 ～ 15d。

2. 呼吸障碍类症群针对性防控措施

1）全群防控，分群治疗

针对爆发上述疾病中任意一种或两种呼吸障碍疾病的猪群，根据全群防控、分群治疗的原则，在临床初步确诊基础上，将全群猪只按重症猪群、轻症猪群及疑似健康猪群分群，对疑似健康猪群猪只除配种 30d 之内的怀孕母猪外进行紧急倍量疫苗（自家组织灭活疫苗或商品疫苗）接种，或投服敏感抗生素和其他辅助药物。对重症猪只、轻症猪群按不同处方分别单个或批次治疗。

2）呼吸障碍类症群可选药物

针对病原均为革兰氏染色阴性的猪副嗜血杆菌病、传染性胸膜肺炎、巴氏杆菌病、猪传染性萎缩性鼻炎及猪支原体肺炎，可选氨基糖苷类药品如卡那霉素、阿米卡星、大观霉素、链霉素、庆大霉素等，或黏杆菌素 B，或广谱抗生素如氯霉素类的氟苯尼考，或大环类酯类的泰乐菌素、泰妙菌素等。除此之外，该几种疾病可选择扶正解毒散、清瘟败毒散、平喘散等中药方剂辅助用药。

针对病原为流感病毒可选择紧急接种猪流感疫苗或注射抗血清。另外，患流感猪群可配套选择荆防败毒散等中药方剂辅助用药。

3）针对性防控

针对猪群顽固性或反复性呼吸障碍性疾病，条件合适的猪场可选择制备自家组织灭活疫苗全群紧急免疫或程序化免疫，这是防控多血清型病原导致的呼吸障碍综合征的有效途径之一。

第二章 猪腹泻类症群鉴别诊断

一、类 症 概 述

规模猪场猪腹泻类症群是引起仔猪发病率和死亡率增加的主要病症之一，严重影响猪场养殖效益。引起猪腹泻的因素复杂而多样，一般将其分为传染性因素与非传染性因素。传染性因素又分为病毒性、细菌性、寄生虫性腹泻等。引起猪腹泻的病毒性病原包括猪传染性胃肠炎病毒、猪流行性腹泻病毒、猪轮状病毒等；细菌性病原包括致病性大肠杆菌（包括仔猪黄痢、仔猪白痢）、沙门氏杆菌、痢疾密螺旋体、内劳森菌等；寄生虫性腹泻主要指猪球虫。非传染性因素包括饲料、饲养管理、饮水等因素，篇幅有限，本书仅针对传染性腹泻的主要病原作简要介绍。

二、类 症 识 别

（一）仔猪黄痢（piglet's yellow dysentery）

1. 病原

仔猪黄痢病原为致病性大肠杆菌，属于革兰氏阴性的中等大小、有鞭毛、无芽孢的小杆菌。大肠杆菌有菌体（O）抗原、表面（K）抗原和鞭毛（H）抗原三种，O抗原已分出171种，K抗原103种，H抗原60种，因而构成许多血清型。血清型用 O ∶ K ∶ H 来表示。

2. 流行病学

本病发生于出生1周以内的仔猪，以出生1～3d的仔猪最为常见，7d以上很少发病。同窝仔猪中发病率很高，常在90%以上，病死率高，死亡率为40%～100%，依饲养管理水平、治疗是否及时和科学其死亡率不同。

带菌母猪及发病仔猪排出的粪便是本病的主要传染源；传播途径主要为经过消化道感染。健康仔猪通过吮乳、舔舐母猪躯体或被带菌母猪、其他病仔猪接触和污染的猪舍器具及水等感染。本病的发生无季节性，但以冬春寒冷季节多发。

3. 临床症状

出生 1 ～ 5d 的同窝仔猪相继快速出现排黄色稀粪、病猪精神沉郁、消瘦等症状，粪便中含凝乳小片，捕捉病仔猪随其挣扎和鸣叫常从肛门流出黄色稀粪，不及时治疗常在几天内全身衰竭而死亡。临床症状如图 2-1 ～图 2-3 所示。

图 2-1　仔猪黄痢 病仔猪排黄色或淡黄色稀粪

图 2-2　仔猪黄痢 排黄色稀粪

图 2-3　仔猪黄痢 排黄色稀粪，肛门黏附黄色稀粪

4. 病理变化

病死仔猪尸体消瘦、干瘪，皮肤皱缩，肛门周围沾满黄色稀粪；颈部、腹部的皮下常有水肿。最显著的病变为肠道的急性卡他性炎症，其中十二指肠最严重，空肠、回肠次之，结肠较轻。整个小肠段肠壁变薄，肠道内充满大量黄色液

体内容物和气体。肠系膜淋巴结充血、肿大、有弥散性大小点状出血。肝脏、肾脏常有小的坏死灶。

（二）仔猪白痢（piglet's white dysentery）

仔猪白痢又称迟发性大肠杆菌病，是 10～30 日龄仔猪常发的一种肠道传染病，发病率高（约 50%），病死率低。临床上以下痢、排出腥臭的灰白色粥状稀粪为特征。在中国各地猪场均不同程度发生，对养猪业的发展有相当大的危害。

1. 病原

仔猪白痢的病原为致病性大肠杆菌，病原特点参见仔猪黄痢病原部分。

2. 流行特点

一般发生于 10～30 日龄的仔猪，以 10～20 日龄最多，也较严重。本病一年四季均可发生，但一般以严冬、早春发病较多，夏季炎热季节也易导致本病的发生。本病发病率高，病死率相对较低。

3. 临床症状

病猪一般体温和食欲无明显变化，表现为排腥臭的灰白色粥状稀粪，病初仔猪尚活跃，吃奶正常，所排粪较软，呈乳白色至灰白色，有时可见吐奶。随后腹泻次数增多，泄出灰白色腥臭的稀粪，逐渐消瘦和脱水，被毛粗乱无光，尾及后肢被粪便污染，饮欲增加，症状较严重病仔猪若不及时治疗，往往因脱水而昏迷虚脱死亡。大多数病仔猪在提高饲养管理基础上能自行康复。临床症状如图 2-4～图 2-6 所示。

图 2-4　仔猪白痢 排灰白色或乳白色稀粪

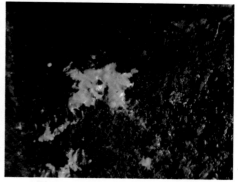

图 2-5　仔猪白痢 排灰白色或黄白色稀粪　　　图 2-6　仔猪白痢 排灰白色稀粪

4. 病理变化

本病病理变化与仔猪黄痢近似，但死于白痢的病死仔猪除肠腔变薄外，在肠腔内充满气体及灰白色糊状内容物，是其特征性病变。病死仔猪肠黏膜充血或苍白，肠系膜淋巴结稍有水肿。心肌柔软，心冠脂肪胶样萎缩；肾脏呈苍白色；肝脏浑浊肿胀，胆囊膨满。

（三）仔猪副伤寒（piglet paratyphoid）

仔猪副伤寒即猪沙门氏菌病（Swine salmonellosis），是由沙门氏菌属病菌引起的一种传染病。急性病例表现为败血症变化，慢性病例为大肠坏死性纤维性肠炎及肺炎。该病多发生于 1～4 月龄的小猪，断奶前后的仔猪常呈急性经过，架子猪一般表现为慢性肠炎和肺炎。成年猪较少发病，故许多学者习惯将其称为"仔猪副伤寒"。

1. 病原

本病的病原为猪沙门氏菌，革兰氏染色阴性、两端钝圆、中等大小的直杆菌。
沙门氏菌有 O 抗原（菌体抗原）、H 抗原（鞭毛抗原）、Vi 抗原（荚膜抗原，又名 K 抗原，或表面抗原、包膜抗原），根据这些抗原组合，该病原有 2500 种以上的血清型，但仅有 20 种左右的血清型引起畜禽及人类疾病。引起猪副伤寒的病原主要有猪霍乱沙门氏菌、猪伤寒沙门氏菌、鼠伤寒沙门氏菌、肠炎沙门氏菌等。

2. 流行病学

人、各种畜禽及其他动物对沙门氏菌属中的许多血清型都有易感性，不分年龄大小均可感染，幼龄的畜禽更易感。猪多发生于 2～4 月龄的仔猪。病猪和某些健康带菌猪是主要传染源，病原菌存在于肠道中，可随粪便、尿、乳汁以及流产的胎儿、胎衣和羊水排出。传播途径包括消化道、交配或人工授精时的生殖道；鼠类也可传播本病。

本病一年四季均可发生。猪在多雨潮湿季节发病较多。一般呈散发性或地方流行性。环境因素是诱发本病的重要因素。

3. 临床症状

该病的潜伏期因猪体抵抗力及病菌的数量和毒力的不同而异，一般为数日至数周不等。临床上分为急性和慢性两型，以慢性型较为常见。

急性型多见于断奶不久的仔猪，体温突然升高至 41～42℃，精神不振，食欲减退或废绝，间有下痢，排出淡黄色恶臭的液状粪便，有时出现结膜炎、呼吸困难等。耳根、胸前和腹下皮肤出现紫红色斑块。有时出现症状 24h 内死亡，但多数病程为 2～4d。群内的发病率不高，但病死率较高。

慢性型仔猪副伤寒为该病的常见类型，与猪瘟的表现很相似，体温升高至 40.0～41.5℃，精神不振、寒战、扎堆；逐渐消瘦、生长停滞、贫血、眼结膜炎、眼内有黏性或脓性分泌物，上下眼睑常被黏着；长期腹泻，泄出物呈灰白或黄绿色水样，有恶臭并混有大量坏死组织碎片或纤维状物。后躯沾有灰褐色粪便，被毛粗乱。中期、后期在腹部皮肤出现弥漫性湿疹，有时可见绿豆大、干涸的浆液性覆盖物，揭开后见浅表溃疡。病程拖延 2～3 周或更长，拉稀时发时停，食欲逐渐废绝，有时出现咳嗽，最后极度消瘦，衰竭而死。有些病猪经数周后病情逐渐减轻，状似恢复，但生长不良或短时又行复发。

4. 病理变化

急性败血型病死猪的头部、耳朵、腹部等处皮肤出现大面积蓝紫红色斑，各内脏器官具有一般败血症的共同特性。脾脏肿大、呈暗红色、质韧、切面呈蓝红色；全身淋巴结肿大，呈紫红色，切面外观似大理石状花纹，与猪瘟的变化相似；肝脏、肾脏、心外膜、胃肠黏膜有出血点；肺卡他性炎症；病程稍长的病例，大肠黏膜有糠麸样坏死物。脑膜和脑实质有出血斑点，脑实质病变为弥漫性肉芽肿性脑炎。部分病仔猪胃黏膜严重瘀血和梗死而呈黑红色，病程超过一周时，黏膜内浅表性糜烂。

慢性型病例，尸体极度消瘦，腹部和末梢部位皮肤出现紫斑，胸腹下和腿内侧皮肤上常有豌豆大或黄豆大的暗红色或黑褐色痘样皮疹，特征性病变主要在大肠、肠系膜淋巴结和肝脏。整个大肠尤其盲肠、结肠黏膜纤维素性坏死，形成豆腐渣样或糠麸样的假膜或圆形溃疡；肠系膜淋巴结比正常大几倍，切面呈灰白色脑髓样，并常散在灰黄色坏死灶，有时形成大块的干酪样坏死物。肝脏呈不同程度瘀血和变性，突出病变是肝实质内有许多针尖大至粟粒大的灰红色和灰白色病灶。

病理变化如图 2-7 ～图 2-10 所示。

图 2-7　仔猪副伤寒　排草绿色或黄绿色稀粪

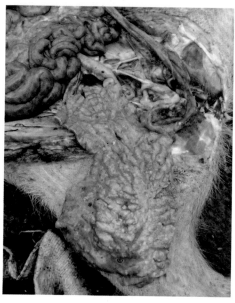

图 2-9　仔猪副伤寒　盲结肠黏膜豆腐渣样假膜，回盲乳头坏死（二）

图 2-8　仔猪副伤寒　盲结肠黏膜豆腐渣样假膜，回盲乳头坏死（一）

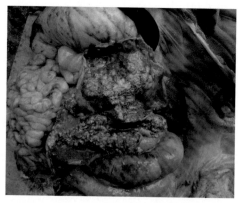

图 2-10　仔猪副伤寒　盲结肠豆腐渣样假膜

（四）猪痢疾（swine dysentery，SD）

猪痢疾曾称血痢、黑痢、黏液性下痢等，是由猪痢疾密螺旋体引起猪的一种严重肠道传染病，主要特征为大肠黏膜的卡他性、出血性、纤维素性坏死性肠炎，临床症状以消瘦、腹泻、黏液性或黏液性出血性下痢为特征。

该病最早发生在美国（1918 年），1921 年 Whiting 等作了首次报道，但到 1971 年才证实，猪痢疾密螺旋体为猪痢疾的原发性病原体。目前，该病已遍及世界各主要养猪国家和地区。中国于 1978 年由美国进口种猪发现该病。20 世纪 80 年代后，疫情迅速扩大，涉及 20 多个省市，由于及时采取综合防治措施，至 20 世纪 90 年代以后，该病才得到控制。

1. 病原

猪痢疾的病原体为密蛇形螺旋体属（*Serpulina*）中的猪痢疾密螺旋体（*Serpulina hyodysenteriae*），革兰氏染色阴性，对外界抵抗力较强。本菌目前在国外报道有 4 个血清型，不同血清型间能否交叉免疫还不清楚。

2. 流行病学

只感染猪，不同年龄、品种的猪均有易感性，但以 1.5 ～ 4 月龄最为易感，哺乳仔猪和成猪发病较少。病猪及带菌猪是主要传染源。病猪和康复猪经常随粪便排出大量病菌，污染饲料、饮水、圈舍及其用具、周围环境及母猪躯体（包括母猪奶头）。传播途径主要是消化道。健康猪只吃下污染的饲料、饮水而感染，或经饲养员、用具、运输工具的携带而传播。

本病一年四季均可发生，但每年 4 月、5 月、9 月、10 月发病较多；另外，本病发生具有同窝或同圈性和渐进性，即同窝仔猪或同圈仔猪感染发病，其他圈舍或其他窝仔猪可能正常；同一猪舍、同一圈舍、同一窝猪群中可能开始几头发病，以后逐渐蔓延，进而同群陆续发病。

3. 临床症状

本病常见临床表征分为最急性型、急性型、亚急性和慢性型。

最急性型见于流行初期，死亡率很高，个别表现无症状，突然死亡。多数病例表现食欲废绝，剧烈下痢，粪便开始时呈黄灰色软便，随即变成水泻，内有黏液和带有血液或血块，随着病程发展，粪便混有脱落的黏膜或纤维素渗出物的碎片，其味腥臭。此时病猪精神沉郁、肛门松弛、排便失禁、腹围紧缩、弓腰和腹痛、眼球下陷，呈高度脱水状态，全身寒战，往往在抽搐状态下死亡，病程为12～24h。

急性型多见于流行初期、中期，病猪消瘦、下痢便血。病初排软便或稀便，继而粪便中含有大量半透明的黏液而使粪便呈胶冻状，多数病例粪便中含有血液和血凝块（红色）、咖啡色或黑药色的脱落黏膜组织碎片。同时，病猪渴欲增加，食欲减退，腹痛并迅速消瘦，有的死亡，有的转为慢性，病程7～10d。

亚急性和慢性型病势较轻，持续下痢，粪便中黏液及坏死组织碎片较多，血液较少；病程较长，进行性消瘦，生长发育迟缓，贫血；致死率较低，但生长发育不良，饲料报酬很低，对生产经营影响较大。亚急性型病猪病程一般为2～3周，慢性型病程一般在4周以上。

4. 病理变化

剖检主要病变在大肠。急性病例营养状况良好，可见卡他性肠炎或出血性肠炎，淋巴小结增大，呈明显的白色颗粒状；肠系膜淋巴结肿胀；结肠及盲肠黏膜肿胀，皱褶明显，上附黏液，黏膜有出血，肠内容物稀薄，其中混有黏液及血液而呈酱油色或巧克力色。直肠黏膜增厚，重者可见出血。病程稍长的猪明显消瘦，大肠黏膜表层点状坏死，或有黄色和灰色伪膜，呈麸皮样，剥去伪膜可露出浅的糜烂面。肠内容物混有大量黏膜和坏死组织碎片，肠系膜淋巴结肿胀，切面多汁。胃底幽门处红肿或出血。肝脏、脾脏、心脏、肺脏无明显变化。大肠病变可能出现在某一段肠管，也可能分布于整个大肠。

病理变化如图2-11～图2-14所示。

（五）猪增生性肠炎（Porcine proliferative enteropathy，PPE）

猪增生性肠炎，又称猪回肠弯曲菌感染，或猪回肠炎，是由劳氏胞内菌引起猪回肠和结肠黏膜增生为特征的一种肠道传染病。本病各年龄猪都易感，6～20周龄的生长育成猪最易感，2周龄内的仔猪一般不易发生本病。本病还称为坏死性肠炎（necrotic enteritis，NE）、增生性出血性肠病（proliferative hemorrhagic enteropathy，PHE）、局部性肠炎（regional enteritis，RE）、回肠末端炎（terminal ileitis，TI）、猪肠腺瘤（porcine intestinal adenomatosis，PIA）。

1. 病原及敏感药物

本病为猪肠炎弯曲杆菌，革兰氏染色阳性，对泰妙菌素、金霉素、林可霉素等不同程度敏感。

图 2-12　猪痢疾　排灰黄色水样稀粪

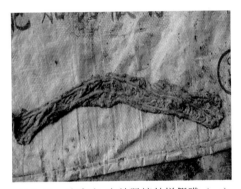

图 2-11　猪痢疾　排血色稀粪　　　　图 2-13　猪痢疾　盲结肠糠麸样假膜（一）

图 2-14　猪痢疾　盲结肠糠麸样假膜（二）

2. 流行病学

内劳森菌或肠炎弯曲杆菌主要感染猪，大鼠、仓鼠、兔、犬、马、羊及灵长类动物也能感染本病原。病猪、带菌猪、受污染的养殖设备、粪便、尿液、饮水等经消化道为主感染和流行本病。本病一年四季均可发生，但主要在 3 ～ 6 月呈散发或流行。一些应激因素，如天气突变、长途运输昼夜温差过大、湿度过大、转群混群、饲养密度过大等均可促使本病发生。

3. 临床症状

患增生性肠炎的病猪根据表征有最急性型、急性型、慢性型等几种临床类型。急性型病猪以排血色水样粪便为主；病程稍长病猪排黑色煤焦油样稀粪，并可突然死亡。慢性型病猪间歇性下痢，粪便呈褐色，变软、变稀，或呈糊状、水样，有时混有血液或坏死组织碎片，猪有采食欲望，但只吃几口又远离食槽，外观猪腹部扁平，所有病猪均呈现体况消瘦。

4. 病理变化

本病的特征性病变在小肠末端50cm处（以回肠段为主）以及临近结肠上1/3处，黏膜增生，外观似脑回，增生肠管外观似胶管状。急性型病例以肠道严重出血为主要病理变化。

病理变化如图 2-15～图 2-18 所示。

图 2-15　猪增生性肠炎　排水样或糊状淡灰色或灰黑色稀粪

图 2-16　猪增生性肠炎　排水样灰黑色稀粪

图 2-17　猪增生性肠炎　回肠及前 1/3 段结肠黏膜增生，肠壁增厚，外观肠管似橡胶管状

图 2-18　增生性肠炎，回肠及前 1/3 段结肠黏膜皱褶增多，似脑回

（六）猪传染性胃肠炎（porcine transmissible gastroenteritis）

传染性胃肠炎是一种高度传染性病毒性肠道疾病，以引起 2 周龄以下仔猪呕吐、严重腹泻和高死亡率（通常为 100%）为特征 [图 2-19（a）]。

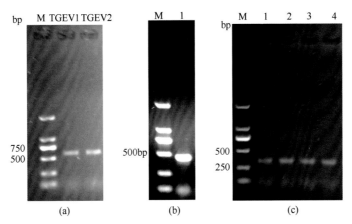

图 2-19　猪传染性胃肠炎、猪流行性腹泻、猪轮状病毒的实验室 PCR 诊断图

1. 病原及敏感药物

猪传染性胃肠炎病毒属于冠状病毒科（Coronaviridae）冠状病毒属，已报道 4 种冠状病毒能感染猪：猪凝血性脑脊髓炎病毒、猪流行性腹泻病毒、猪传染性胃肠炎病毒（TEGV）及猪呼吸道冠状病毒（PRCV）。猪传染性胃肠炎病毒目前报道仅 1 个血清型。

本病毒对消毒剂非常敏感，尤其是季铵盐类、碘制剂、过氧化物消毒剂消毒效果良好。常规抗生素对本病原无效。特异性的猪传染性胃肠炎病毒血清抗体对本病原有特效。

2. 流行病学

感染对象主要为猪，各年龄段的猪都易感，尤以 10 日龄以内的哺乳仔猪发病率和病死率最高，几乎为 100%，而 5 周龄以上的猪感染后死亡率很低，成年猪几乎没有死亡。因此，猪传染性胃肠炎已成为引起哺乳仔猪死亡的重要疫病之一。犬、猫也能感染本病毒。

病毒存在于病猪和带毒猪的粪便、乳汁及鼻分泌物、污染的饲料、饮水、空气、土壤和用具等经消化道、呼吸道感染和传播本病。

传染性胃肠炎的发生和流行有明显季节性，通常从 11 月中旬到翌年 4 月中旬，发病高峰期为 1 ~ 2 月。

3.临床症状

仔猪突然发生呕吐，并伴随剧烈水样腹泻，粪便呈黄绿色或灰色，有时呈白色。迅速脱水、消瘦，严重口渴，食欲减退或废绝，一般经 2 ~ 7d 死亡。育成猪和成年猪症状较轻，几日食欲不振，个别猪有呕吐，主要发生水样腹泻，呈喷射状，排泄物呈灰色或褐色，体重迅速减轻。

4.病理变化

胃内一般充满黄色并混有乳白色的酸臭凝乳块；小肠肠管扩张，内容物稀薄，呈黄色、泡沫状，肠壁变薄、松弛、扩张、有透明感，肠黏膜绒毛严重萎缩。

（七）猪流行性腹泻（porcine epidemic diarrhea）

猪流行性腹泻是由猪流行性腹泻病毒引起猪的一种高度接触性肠道传染病，临床上以排水样便、呕吐、脱水和食欲下降为特征，是 20 世纪 70 年代发现的猪传染病。本病流行特点、临床症状和病理变化与猪传染性胃肠炎十分相似，但哺乳仔猪病死率较低，在猪群中传染速度相对缓慢［图 2-19 （h）］。

1.病原及敏感药物

猪流行性腹泻的病原为冠状病毒科冠状病毒属的猪流行性腹泻病毒。本病毒只有一个血清型。本病毒对外界抵抗力弱，对乙醚、氯仿敏感，一般消毒药可将其杀死。特异性的血清抗体对病毒有特效。

2.流行病学和发病特点

各年龄段和不同品种的猪群都有易感性，但对不同年龄易感猪群的致死率不同，其中以哺乳仔猪的致死率最高。传染源为病猪及带毒猪。被本病原污染的各种养殖设备、饮水等是诱导本病发生的次要感染源。病猪、带毒猪及污染的养殖设备通过消化道和呼吸道感染健康猪只。本病无明显季节性，但以寒冷的冬春季节发生较多。猪群隐性感染猪瘟（温和型猪瘟、繁殖障碍型猪瘟）、普通蓝耳病、伪狂犬病、猪圆环病毒 2 型等易继发或诱发本病的散发性流行。

3. 临床症状

猪流行性腹泻主要表现为呕吐、腹泻和脱水，与传染性胃肠炎相似，但程度较轻，传播稍慢。1 周龄新生仔猪常于腹泻后 2 ~ 4d 因脱水死亡。断奶猪、肥育猪发病率较高，但症状较轻，常表现为精神沉郁和厌食，持续腹泻 4 ~ 7d，逐渐康复。成年猪仅发生呕吐和厌食等症状，很少发生死亡。

4. 剖检病变

病变与猪传染性胃肠炎相似，主要病变在小肠。小肠膨大，有黄色液体，肠壁变薄，外观似透明，肠绒毛缩短，但比传染性胃肠炎程度要轻。

（八）猪轮状病毒性腹泻（porcine rotavirus disease）

猪轮状病毒性腹泻是由猪轮状病毒引起的一种以腹泻为特征的猪传染性病。仔猪多发，主要表现厌食、呕吐、腹泻、脱水等。成年猪与育成猪多为隐性感染［图 2-19（c）］。

1. 病原及敏感药物

本病病原体为猪轮状病毒。目前无特效药物，但针对本病原的特异性血清抗体能控制本病。

2. 流行病学与发病特点

本病以晚秋、冬春寒冷季节多发，一般发生在 8 周龄特别是 10 ~ 28 日龄的仔猪，发病率可达 90% ~ 100%，病死率一般不超过 10%。大猪为隐性感染。

3. 临床症状及剖检病变

病猪排黄色或暗灰色水样稀粪，脱水、消瘦和口渴，偶见呕吐。病变与猪传染性胃肠炎相似，主要在小肠松弛、变薄、扩张、外观透明，肠腔内有液体状内容物。

（九）猪球虫病（piglet's coccidia disease）

猪球虫病是仔猪的一种肠道寄生原虫病，主要危害 7 ~ 21 日龄的仔猪，可引起仔猪严重的消化道疾病。成年猪多为带虫者，是该病的传染源。该病呈世界性分布。猪球虫的种类很多，但对仔猪致病力最强的是猪等孢球虫。

1. 病原及敏感药物

猪球虫病病原主要为艾美耳属和等孢属的球虫。磺胺类、氨丙啉等球虫药有效。

2. 流行病学及发病特点

该病一般发生于 7 ~ 21 日龄猪，尤其是 7 ~ 10 日龄的猪更严重，5 日龄以下很少发生。发病率高，病死率低。当阴雨天气、空气湿润、气温变化较大时，可导致猪舍潮湿、不清洁，加上猪只饲养密度大时，很适合球虫繁殖，本病较易发生。地面平养较高床饲养更易发生猪球虫病。

3. 剖检病变

主要病变见于小肠，以空肠和回肠病变为主，肠浆膜有出血斑，肠黏膜糜烂、出血、坏死。常有异物覆盖，肠上皮坏死脱落，肠绒毛变短或消失。空肠和回肠黏膜出现黄色纤维素、坏死性伪膜附着在充血的黏膜上，一般只有严重感染的仔猪才会出现。

三、猪腹泻类症群鉴别诊断剖析

本类症群疾病共包括仔猪黄痢（仔猪早发型大肠杆菌病）、仔猪白痢（仔猪迟发型大肠杆菌病）、猪传染性胃肠炎、猪流行性腹泻、猪轮状病毒性腹泻、猪痢疾、猪红痢（猪 C 型魏氏梭菌病）、猪球虫病、猪增生性肠炎，均以腹泻和排不同色泽的稀粪为主要临床表征。

1. 猪腹泻类症群鉴别剖析

1）从发病日龄鉴别分析

仔猪红痢多发于 3 日龄内的仔猪；仔猪黄痢多发于 7 日龄内的仔猪；仔猪白痢多发于 10 ～ 30 日龄的仔猪；猪球虫病多发于 7 ～ 21 日龄的仔猪，7 ～ 10 日龄仔猪症状最为严重；猪传染性胃肠炎、猪流行性腹泻、猪轮状病毒性腹泻发生于各日龄猪群，但以哺乳期仔猪发病最为严重，尤其 10 日龄以内仔猪发病后死亡率极高，其次为保育阶段仔猪。猪增生性肠炎、猪痢疾、猪副伤寒多发于保育至生长育肥猪群，但猪球虫病、猪副伤寒多发生保育阶段仔猪，猪增生性肠炎及猪痢疾以保育仔猪及生长育肥猪群多见。

2）从发病季节鉴别分析

仔猪白痢、黄痢、猪传染性胃肠炎、猪流行性腹泻、猪轮状病毒性腹泻发病多见于冬春寒冷季节；猪痢疾一般发生于每年的 4 ～ 5 月和 9 ～ 10 月；猪增生性肠炎多发生于每年的 3 ～ 5 月。副伤寒多发于多雨潮湿季节，如夏秋炎热季节。

3）从发病特点分析

仔猪黄痢、仔猪白痢、猪传染性胃肠炎、猪流行性腹泻、猪轮状病毒性腹泻、猪增生性肠炎、猪痢疾、猪红痢、猪球虫病发病时均具有窝次性或圈次性，即同一窝或同一圈舍的仔猪、保育仔猪或生长育肥猪相继或同时发病，表现接近一致的症状。但猪球虫病多见于地面平养猪场，采取高床饲养（专用产床及保育栏）的猪场较少发生该病。

从发病特点看，猪流行性腹泻、猪传染性胃肠炎、仔猪红痢多呈最急性或急性经过，发病仔猪死亡率极高，有的达 100％；仔猪黄痢、白痢、猪增生性肠炎、猪轮状病毒性腹泻、猪痢疾发病多呈亚急性或慢性经过，死亡率低。

4）用药疗效鉴别分析

仔猪黄痢、白痢、红痢、猪增生性肠炎可用敏感抗生素进行控制；对于猪传染性胃肠炎、猪流行性腹泻、猪轮状病毒病常用抗生素无效，不能控制猪群腹泻症状，只有含三种病原的抗血清或卵黄抗体相关制剂才有特效；磺胺类药物、氯苯胍等抗球虫药物对猪球虫病有特效。乙酰甲喹等特效药物对猪痢疾有效。

5）临床表征鉴别分析

仔猪黄痢和白痢以发病仔猪排出淡黄色或灰白色粪便直接区别；红痢、猪痢疾及猪球虫病临床均能排红色稀粪，但三种疾病均以最急性型或急性型才排出红色粪便，除红痢多以最急性或急性经过排出典型红色稀粪外，猪痢疾和猪球虫病临床排血色稀粪表征总体少见。

猪传染性胃肠炎以随时呕吐且呕吐症状表征较重、恶性剧烈水样腹泻为其特征；猪流行性腹泻多见于采食后呕吐，且呕吐症状较传染性胃肠炎轻；猪轮状病毒性腹泻症状轻，发病速度慢，病死率低。

仔猪副伤寒临床多排草绿色稀粪，躯干皮肤尤其腹部被毛稀薄处皮肤易出现发绀表征，其他腹泻性疾病不出现皮肤发绀表征。

猪增生性肠炎在发病过程中易排出沥青色粪便，病猪呈典型的精神时好时坏，且易表现在食槽吃几口又倒退回原地等症状，患病猪处于半饥饿状态。

6）特征性的剖解病变鉴别分析

仔猪黄痢和白痢病死仔猪多表现在小肠尤其空肠肠腔分别有淡黄色、黄白或灰白色粪便；仔猪红痢多表现为整个小肠充血出血，剖开小肠，肠壁及肠腔带黏性的血液及粪便，外观似"红肠子"，且病死猪小肠或大肠之间有大量灰色小气泡为其特征；仔猪副伤寒除肠血系膜淋巴结外观呈米灰色、断面呈灰白色外，以盲结肠黏膜呈豆腐渣样假膜，且回盲乳头坏死，肝脏多以古铜色为其特征；猪痢疾病死猪以大肠黏膜呈糠麸假膜为其特征，回盲乳头一般不出现坏死。猪增生性肠炎的病死猪在回肠及结肠前 1/3 段黏膜增厚似脑沟脑回，外观肠管似增厚的胶管状为其特征。猪球虫病病程较长的病死猪其小肠壁多有数量和大小不等的球虫结节，较易与其他疾病鉴别。

猪传染性胃肠炎、猪流行性腹泻及猪轮状病毒性腹泻无特征性剖检病变，三种疾病均表现胃黏膜及肠黏膜（主小肠黏膜）程度不等地充血、出血，小肠壁变薄缺乏弹性，呈半透明状。但传染性胃肠炎较流行性腹泻和猪轮状病毒病其胃黏膜病变更严重。三种疾病易和其他腹泻性疾病通过其他鉴别指标和剖检特征相区别。猪传染性胃肠炎、猪流行性腹泻及猪轮状病毒病根据其发病日龄、发病特点、临床特征结合剖检病变能从临床上初步诊断，确诊需借助特殊的实验方法。

2. 重点疾病与其他症候群疾病鉴别剖析

本类症候群疾病除易与该类症候群之内的疾病在临床上误诊外，也易与霉菌毒素慢性中毒、仔猪伪狂犬病、肠型猪瘟及猪鞭虫病等导致的腹泻混淆。

因母猪感染猪伪狂犬病毒而通过胎盘感染胎猪，继而引起存活初生仔猪腹泻，其腹泻的粪便多呈黄红色，似黄菜花样色泽，剖检以病死猪脑膜充血、出血、水肿为其特征，发病仔猪出现腹泻症状时还多有耳斜拉、八字脚、颤抖等神经症状，易与其他腹泻疾病区别。

肠型猪瘟多由怀孕期母猪感染猪瘟并经胎盘垂直传染给胎猪，继而引起存活初生仔猪腹泻和死亡的一种疾病，感染该病毒的仔猪一般体弱多病，弱仔较多，也表现为先天性颤抖，排出与仔猪黄痢一样的粪便，但剖检可以通过淋巴结断面呈红白相间的大理样斑纹、肾脏畸形等作初步诊断，临床上确诊本病需要通过实验室的 PCR 抗原检测。

霉菌毒素慢性中毒较易导致保育阶段仔猪及生长育肥猪腹泻，本病的腹泻较易与其他腹泻性疾病区别。霉菌毒素慢性中毒多发生于温暖潮湿易导致饲料霉变的季节，且又以自配料饲养方式的猪场多见，发生本病的猪群采食量普遍较正常猪群采食量低；生产性能低于正常水平；腹泻粪便可见消化不良的整粒饲料颗粒；剖解可见肠壁尤其肝脏表现有黄白色的霉菌结节；病死猪肝脏一般呈黄棕色的似橡皮样病变；采食相同霉变饲料原料的母猪还表现出流产、早产症状，常见腹泻性疾病不出现流产、早产症状，因此本病与其他腹泻性疾病较易区别。

鞭虫病是近几年在规模猪场腹泻病例中出现频率偏高的一种少见寄生虫病，本病死亡猪只以盲肠壁能检测出多量成虫确诊，临床在使用常规抗菌素与抗血清、卵黄抗体无效的情况下，用左旋咪唑、阿维菌素等驱虫药能有效缓解和治疗病猪腹泻症状，可与其他腹泻性疾病鉴别出来。

四、猪腹泻类症群防控原则及针对性防控措施

（一）猪腹泻类症群防控原则

1. 全群防控、分群治疗原则

单头或多头发生疑似本类症群后，采取全群防控与分群治疗的原则，将猪群分为健康不易感染猪群、健康易感染猪群、发病轻症猪群、发病重症猪群，对健康易感染猪群、轻症猪群实行全群防控，添加疑似疾病的针对性用药与防控方案；发病重症猪群采取单个或成批处方原则实施单个治疗与小批次多个体治疗。

2. 强心补液，排毒解毒

针对发病轻症猪群和发病重症猪群采取电解多维、葡萄糖，按其添加比例用 40～50℃热水溶解，自由饮用；重症猪只实行腹腔注射或静脉输液的单个

治疗。针对重症猪只，实施单个治疗时配以樟脑或氨钠咖，有助于重症猪只的快速恢复。

3. 敏感药物，治本固效

根据临床症状、剖检病变及发病特点等得出初步的鉴别诊断结果，选择敏感的抗生素、抗血清或卵黄抗体液等应用于各类猪群，其中用于全群的预防剂量减半，真正达到治本疗效的目的。

4. 修复胃肠，把握疗程

发病猪群其腹泻表征基本控制并停止使用抗生素 5～7d 后，于全群尤其发病猪群添加各类益生菌，修复发病猪群胃肠微环境，有助于发病猪群生产性能的尽快提高。

5. 强化管理，科学饲喂

出现腹泻的圈舍及所在猪舍，严格做好"三度一通风"工作，即发生腹泻所在猪舍的温度、湿度、饲养密度及通风，同时及时清理腹泻病猪所在圈舍、猪舍的粪便及污物，并做好消毒工作。对于哺乳期仔猪，做好限量吃乳与能量补给；对于哺乳结合吃料的仔猪或断乳后发病仔猪，限饲与循序渐进增料有助于腹泻症状的快速缓解。

（二）针对性防控措施

1. 腹泻类症群可选药物

针对引起猪群腹泻的不同病原，其有效果的药物各不相同。由革兰氏阴性细菌引起的仔猪黄痢、仔猪白痢、猪副伤寒、猪痢疾可选择氨基糖苷类药物如庆大霉素、卡那霉素、大观霉素、链霉素等，或喹诺酮类药物如环丙沙星等，或四环素类的金霉素，或黏杆菌素类药物如黏杆菌素B，以及广谱的氯霉素类药物如氟苯尼考等。其中猪痢疾对乙酰甲喹有特效。

由革兰氏阳性菌引起的猪增生性肠炎和仔猪红痢可选择洁霉素类药物林可霉素，大环类酯类药物如泰乐菌素、替米考星，或磺胺类药物（如磺胺间甲氧嘧啶钠；磺胺六甲等）与抗菌增效剂等。

由病毒引起的猪传染性胃肠炎、流行性腹泻及轮状病毒病可以选择针对该三种病原的抗血清制品对发病猪肌肉注射或静脉输液。

2.针对性防控

1）针对最急性和急性腹泻类症群疾病

针对发病急、腹泻严重、死亡快的腹泻病例，在初步确诊前提下，若为哺乳期仔猪，给发病仔猪及其母猪紧急注射针对疑似病原的血清抗体或敏感抗生素（某些抗生素针对哺乳期母猪慎用的除外），导致该种情况的疾病多为出生 7d 之内的仔猪感染猪传染性胃肠炎、流行性腹泻或 C 型梭菌。除此之外，补液与强心是对发病仔猪紧急单个治疗的必须手段。

2）针对顽固性腹泻症候群猪群

使用常规手段均不能有效控制腹泻及猪群不间断的死亡病例，根据所在猪群属于祖代或父母代等不同，可在通过实验室抗原检测基础上针对性选用商品疫苗紧急接种猪群，或直接采集病死猪相关组织制备自家组织灭活疫苗对易感猪群行紧急倍量接种（若实行全群免疫，配种 30d 内的怀孕母猪除外），能有效防控顽固性、恶性腹泻的继续扩散和蔓延。

第三章　猪急性热性类症群鉴别诊断

一、类症概述

猪的急性、热传染性病是指感染病猪在临床上表现以发病急、高烧及并发系列其他症状或不表现其他症状而急性死亡为特征的一类疾病。本类症群疾病多发于夏秋炎热季节，病猪往往因发病急和单从临床表征较难及时准确诊断而错失有效治疗方案，导致本类症各疾病病死率较高。本类疾病包括猪瘟、猪附红细胞体病、猪弓形体病、猪链球菌病、猪丹毒等。

二、类症识别

（一）猪瘟（classic swine fever，CSF）

猪瘟是由猪瘟病毒引起各年龄段猪只的一种急性、热性全身性败血性传染病，俗称"烂肠瘟"。本病于 1833 年首先在美国等地发现，1903 年证明猪瘟的病原体是病毒。本病自发现以来，广泛流行于世界各地。

1. 病原及敏感药物

猪瘟病原为黄病毒科（Flaviviridae）、瘟病毒属（*Pestivirus*）的猪瘟病毒，与牛病毒性腹泻病毒（*Bovineviraldiarrheavirus*，BVDV）及羊边界病病毒（*Borderdiseasevirus*，BDV）同属。猪瘟病原与牛病毒性腹泻病毒之间，基因组序列有高度同源性，抗原关系密切，既有血清学交叉反应又有交叉保护作用。猪瘟病毒没有血清型的区别，只有毒力强弱之分。目前，仍认为本病毒只有单一的血清型。但猪瘟病毒各毒株毒力不稳定，毒力差异较大。猪瘟病毒无特效药，血清抗体可以有效控制本病毒的感染。

2. 流行及发病特点

本病毒主要感染猪，包括家猪和野猪。黄牛、绵羊、家兔均能感染并增殖本病毒，但不表现临床症状。病毒主要由受污染的圈舍设备，饲养人员和饮水等经消化道、呼吸道、损伤的被皮等水平传播，或通过感染母猪的胎盘垂直传播给仔猪。无明显季节性，但春、秋两季病例较多。本病目前在规模猪场已发展为繁殖障碍型、肠型、温和型等多种临床表征。

3. 临床症状

临床症状主要表现为最急性型、急性型、温和型、慢性型等。

1）最急性型

最急性型多见于流行初期，发病突然，高热稽留，全身痉挛，四肢抽搐，皮肤和可视黏膜发绀，有出血斑点，很快死亡。

2）急性型

急性型最为常见，体温达到41℃左右，持续不退，表现行动缓慢，精神萎靡，嗜水，喜钻垫草嗜睡；结膜潮红，黏性或脓性眼分泌物将两眼黏封，起初便秘后腹泻，粪便呈灰黄色；在下腹部、耳部、四肢、嘴唇、外阴等处可见出血斑，哺乳仔猪有神经症状，最终死亡。

3）温和型（非典型猪瘟）

温和型常见于猪瘟预防接种不及时的猪群和断奶后仔猪及架子猪。症状轻不典型，病程长，致死率、发病率高。便秘，精神萎靡，弓背怕冷发抖，体温为41℃，后期行走不稳，后肢瘫痪。

4）慢性型

体温时高时低，消瘦，精神萎靡，步态不稳，不食，便秘和腹泻交替进行，不死者长期发育不良而成为僵猪。妊娠母猪感染可引起早产、流产、死胎、木乃伊胎或产出弱小仔猪，仔猪先天性头部和四肢颤抖，数天后死亡。

4. 剖检病变

1）最急性型

最急性型常无明显变化或仅能看到粘膜充血或有出血点，肾脏及浆膜有小点出血，淋巴结轻度充血、肿胀。

2）急性型

急性型全身呈现败血症变化，皮肤或皮下有出血点，全身黏膜及脏器有出血点。全身淋巴结肿胀呈紫黑色，切面如大理石纹状，肾脏色淡，皮质有针尖至小米大小的出血点，肾脏、脾脏肿大，紫黑色的出血性梗死灶，喉头黏膜及膀胱黏膜有散在的针尖状出血点。胃、肠黏膜呈卡他性炎症。大肠的回盲瓣处形成特殊的钮扣状溃疡。

3）慢性型

慢性型主要表现为坏死性肠炎，在回肠、盲肠、结肠见到轮层状的钮扣状溃疡，断奶病猪可见肋骨末端和软骨组织交界处，因骨化障碍而形成的黄色骨化线。

4）温和型

温和型常见不到上述典型或轻微变化。口腔、咽喉部出现坏死，非化脓性脑炎，回肠末端有条纹状出血。

剖检病变如图 3-1 ～图 3-10 所示。

图 3-1　猪瘟　全身皮肤发绀

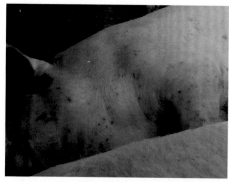

图 3-2　猪瘟　皮肤程度不等的出血斑点

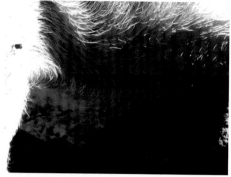

图 3-3　猪瘟　腹部皮肤坏死性斑块或斑点

图 3-4　猪瘟　大腿皮肤坏死瘀斑

图 3-5　猪瘟　淋巴结断面大理石样斑纹

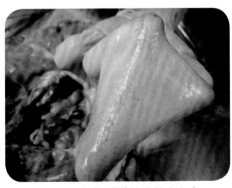

图 3-6　猪瘟　膀胱针尖状出血点

图 3-7　猪瘟　畸形肾及肾针尖状出血点

图 3-8　猪瘟　肋骨及肋胸膜针尖状出血点　　　图 3-9　猪瘟　肾畸形和针尖状出血点

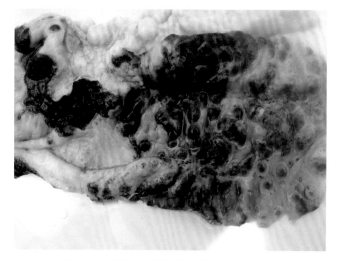

图 3-10　猪瘟　盲肠黏膜特殊的钮扣状溃疡

（二）猪丹毒（swine erysipelas）

猪丹毒是由猪丹毒杆菌（*Erysipelothrix rhusiopathiae*）引起的以生长育肥猪为主的一种急性、热性传染病。其临床症状与剖检特征为高热、急性败血症；亚急性皮肤疹块，俗称"打火印"。慢性型呈疣状心内膜炎及皮肤坏死与多发性非化脓性关节炎。猪丹毒广泛流行于世界各地，对养猪业危害很大，中国政府曾经将此病作为强制防控对象而由各地畜牧兽医主管部门防疫人员对其进行春秋两季的普免。

1. 病原及敏感药物

本病原为猪丹毒杆菌，革兰氏染色阳性。猪丹毒杆菌表面有一层蜡样物质，因此对各种外界因素抵抗力很强，包括盐腌、火熏、干燥、腐败和日光等均不能在短时间内使其死亡。青霉素类药物如青霉素钠盐、钾盐及氨苄西林等对病原敏感。

2. 流行及发病特点

本病主要发生于猪，2～6月龄猪只最为敏感。人也可以感染该菌，称类丹毒，取良性经过。病猪、带菌猪及其他带菌动物排出的污物污染养殖环境中的各种媒介经消化道感染给易感猪只是本病的主要传播方式，受损伤的被皮系统也是本病原感染途径之一。屠宰场、加工场的废料、废水，食堂的残羹和腌制、熏制的肉品等也常常引起该病的发生。猪丹毒无明显的发病季节性，但以炎热多雨的夏秋季节发病较多。

3. 临床症状

临床上猪丹毒有最急性型、急性败血型、亚急性疹块型和慢性型等表征类型。

1）最急性型

最急性型多为自然感染流行初期第一批发病死亡的猪，病前无任何症状，前日晚吃食良好，一切正常，第二天早晨发现猪只死在圈舍，全身皮肤发绀，若群养猪，其他猪相继发病，并有数头死亡。

2）急性败血型

此型最为常见，在流行初期，有个别猪不表现任何症状而突然死亡。多数病猪体温升高达42～43℃，稽留不退，常发寒战，离群独卧。结膜充血，但眼内很少有分泌物。食欲降低或废绝，有时呕吐，粪便干硬呈栗状，表面附有黏液，后期可能发生腹泻。严重者呼吸急迫，心跳加速，黏膜发绀。部分病猪皮肤有红斑，继而变为紫红色，以耳、颈、背等部较多见。大部分病猪经3～4d，体温急剧降至正常体温以下而死亡，病死率为80%左右，不死者转为疹块型或慢性型。

3）亚急性疹块型

此型症状比急性型较轻，其特征是皮肤表面出现疹块，俗称"打火印"。病初食欲减退或废绝，口渴、便秘，偶有呕吐，精神不振，体温升高至41℃以上。通常在发病后2～3d，在胸、腹、背、肩和四肢等部位皮肤发生疹块。疹块呈方形、菱形，偶有呈圆形，稍凸起于皮肤表面，大小约1厘米至数厘米，从几个到几十个不等。疹块发生后，体温开始下降，病势减轻，经数日以至旬余，病猪多自行康复。黑猪患疹块型猪丹毒，不易观察，但用力平贴皮肤触摸，可以感觉稍凸起的疹块。

4）慢性型

慢性型一般由急性型、疹块型或隐性感染转变而来，常见的有慢性关节炎、慢性心内膜炎和皮肤坏死等几种。皮肤坏死一般常单独发生，而慢性关节炎和心内膜炎有时在一头病猪身上可同时存在。慢性关节炎主要表现四肢关节（前肢腕关节和后肢跗关节最为明显）的炎性肿胀，病腿僵硬、疼痛。以后急性症状消失，而以关节变形为主，呈现一肢或两肢的跛行，时有卧地不起者。病猪食欲变化不明显，但生长缓慢，体质较弱，病程数周或数日。

慢性心内膜炎病猪一般无明显的消化道症状，但消瘦、贫血、全身衰弱，不愿走动，强迫驱赶则举步缓慢，身体摇晃。听诊心脏有杂音，心律不齐，有时在强迫驱赶中，突然倒地死亡。此种病猪不能治愈，一般经数周至数月死亡。

皮肤型一般常发于背、耳、肩、尾等部。局部皮肤色黑、干硬似皮革。坏死部边缘与下面的新生组织分离，而形似甲壳；有时可在耳壳、尾巴末梢和蹄缘发生坏死。经 2～3 个月，坏死皮肤脱落，遗留下一片无光色淡的疤痕而愈。如有继发感染，则病情变得复杂，病势加重，而引起死亡。

4. 剖检病变

1）最急性败血型及急性型

病死猪全身皮肤或鼻部、耳部、腹部或腿部呈紫红色。心外膜及心房肌有点状出血。特征性病变为脾脏肿大呈暗红色或樱桃红色；脾脏切面出现特征的"红晕"，即在暗红色的脾脏切面上，有颜色更深的小红点位于白髓周围。"红晕"部位较固定，脾头、脾尾、纵切、横切均可发现，形态为特殊的圆形或椭圆形，易辨认。全身淋巴结不同程度充血、出血和肿胀。肺脏呈弥漫性瘀血水肿。肾脏浑浊肿胀，严重者呈蓝紫色，俗名"大彩肾"。

2）亚急性型（或疹块型）

在病猪耳、颈、背、腹、大腿等处的皮肤上产生许多疹块，与周围皮肤界限明显，疹块中央苍白，周围呈"红晕"围绕。

3）慢性型

关节炎型主要见于前肢腕关节、后肢跗关节和股关节，关节呈慢性增生性关节炎，外观肿胀，腔内有增生物；心内膜炎主要发生在二尖瓣，瓣膜上附有大片血栓性赘生物，呈菜花状；坏死性皮炎常发生于耳、背、肩、尾等处，呈脱落状，尤其耳壳、尾部脱落较多。

剖检病变如图 3-11～图 3-15 所示。

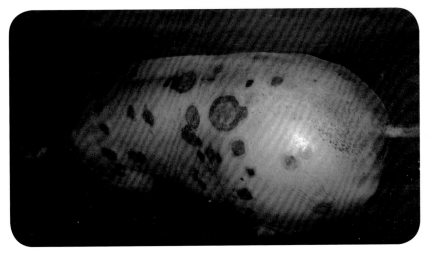

图 3-11　猪丹毒 皮肤出现大小不一、方形或菱形的疹块（一）

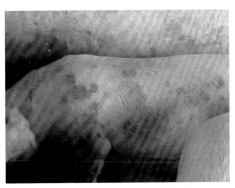

图 3-12　猪丹毒 皮肤出现大小不一、
方形或菱形的疹块（二）

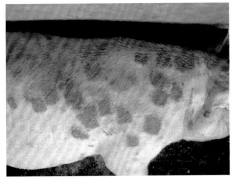

图 3-13　猪丹毒 皮肤出现大小不一、
方形或菱形的疹块（三）

图 3-14　猪丹毒 皮肤出现大小不一、方形或
菱形的疹块，后期整个表皮脱落

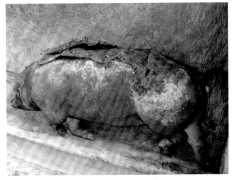

图 3-15　猪丹毒 后期整个表皮脱落

（三）猪链球菌病（streptococosis suis in pigs）

猪链球菌病是由数种致病性链球菌引起猪的多种疾病的总称，以感染和发病猪只出现急性出血性败血症、慢性型关节炎或慢性型心内膜炎及淋巴结化脓性炎为特点。猪链球菌病的大流行，不但给当地经济造成重大损失，而且严重威胁人们的生命健康。2005 年 7 月份，四川省资阳市辖区的 26 个县、102 个乡镇因屠宰和误食猪链球菌病猪肉，致使 181 人感染猪链球菌病，死亡 34 人。该病目前在各规模猪场呈散发或地方流行。

1. 病原及敏感药物

猪链菌病原为链球菌，为一种革兰氏染色阳性的球状菌。根据群特异性抗原将该病原分为 20 个血清型（A-），C、D、E、L、S、R 型对猪致病力较强；根据链球菌荚膜多糖抗原可将其分为 35 个血清型，对猪和人致病性较强的依次为 2、1、7、1/2、14 型。临床上猪急性败血症及脑炎症状链球菌病主要由 C 群链球菌引起。

链球菌对青霉素类、磺胺类、喹诺酮类等药物均敏感，临床可选用。

2. 流行及发病特点

链球菌可以感染不同年龄、不同品种、不同性别的猪，常见的牛、羊、马、鸡、水貂、家兔及小鼠等动物都具有不同程度的易感性。人类也易感，特别是儿童。皮肤伤口和呼吸道是主要的传播途径。病猪的鼻液、唾液、血液、尿液、内脏、肿胀的关节内均可检出病原体。断脐、断尾、阉割和注射等消毒不严均可造成该病的传染。

该病的发生没有严格的季节性，一年四季均可发生。该病的爆发流行与畜禽饲养密度、圈舍清洁卫生、通风、气候、转群、长途运输及其他各种应激因素密切相关。

3. 临床症状

依据引起猪链球菌病的链球菌和临床表现的不同可分为败血型链球菌病、淋巴结脓肿型链球菌病及脑膜炎型链球菌病三种类型，其中以淋巴结脓肿较为常见，而以败血型链球菌病危害最大。

1）急性败血型

本型仔猪发病较多，架子猪次之。突然发病，体温升高至41～42℃，呈稽留热型，食欲废绝、精神沉郁、喜卧、粪便干硬；眼结膜潮红、充血、流泪；数小时至2d内部分病猪出现多发性关节炎、跛行、爬行或不能站立；耳、胸、腹下及四肢内侧皮肤呈暗红色，并有少量出血斑；有的病猪出现共济失调，无目的地走动、磨牙、空嚼或昏睡等神经症状。病的后期出现呼吸困难，四肢麻痹，如不治疗，常在1～3d死亡，死前天然孔流出暗红色血液，病死率达80%～90%。若治疗不及时或药量不足、中途停药则转为亚急性或慢性。

2）慢性型（关节炎型）

本型主要由E群链球菌引起。病猪关节肿胀、消瘦、食欲不振，呈明显的一肢或四肢关节炎，可发生于全身各处关节，病猪疼痛、悬蹄、高度跛行，严重时后躯瘫痪，部分猪只因体质极度衰竭而死亡，或耐过成为僵猪。

3）脑膜炎型

本型由C、D、E群中的非化脓性链球菌引起。病程为1～2d，长的可达5～6d。多见于哺乳仔猪和断奶仔猪。病初体温升高，不食，便秘，有浆液性或黏液性鼻液。病猪很快出现神经症状，四肢共济失调，转圈、空嚼、磨牙、仰卧，直至后躯麻痹，侧卧于地，四肢作游泳状划动，甚至昏迷不醒，部分猪出现多发性关节炎。

4）淋巴结脓肿型

该型病体为E群链球菌，以淋巴结化脓性炎症、形成脓肿为特征。多见于架子猪，发病率低。以下颌淋巴结化脓性炎症最为常见，咽、耳下、颈部等淋巴结有时也受侵害。可见局部隆起，触诊坚硬，有热痛，病猪表现全身不适，由于局部的压迫和疼痛，可发生采食、咀嚼、吞咽甚至呼吸困难。化脓成熟后，自破溃处流出脓汁，全身症状显著好转，整个病程为3～5周，一般不引起死亡。

4. 剖检病变

1）急性败血型

鼻黏膜发绀、充血及出血；喉头、气管充血，常见大量泡沫，肺充血肿胀；全身淋巴结有不同程度的肿大、出血、呈黑红色，有的有坏死现象；脾脏肿大，有的可达正常体积的1～3倍，呈暗红色，柔软而易碎裂，边缘常有黑红色的出血性梗死区；肾脏轻度肿大、充血和出血，呈暗红色；肝脏色淡，呈褐色，切面黄染；胆囊肿大，充满稀薄胆汁；胃肠黏膜高度充血、出血；关节肿大，关节囊内有黄色胶样液体或纤维素性渗出物。

2）关节炎型

关节周围肿胀、充血，滑液浑浊，重症者可见关节软骨坏死，关节周围组织有多发性化脓灶。

3）脑膜炎型链球菌病理变化

脑膜充血、出血、严重者溢血，少数脑膜下充满积液；切开脑部，可见灰质和白质有明显的小出血点。脊髓也有类似变化。心包膜有不同程度的纤维素性炎，心包增厚；胸腔、腹腔有不同程度的纤维素性胸腹膜炎；全身淋巴结有不同程度肿大，充血或出血；其他内脏病变各异；部分病例有多发性关节炎、关节肿大、关节囊内有黄色胶样液体，但不见脓性渗出物。一些病猪在头、颈、背及肠系膜有胶样水肿。

4）淋巴结脓肿型

以下颌或全身其他部位淋巴结肿大、充血、出血和脓肿为典型病理特征。

剖检病变如图 3-16 ～图 3-17 所示。

图 3-16　猪链球菌病　腹部及臀部等皮肤不同程度发绀，呈暗红色

图 3-17　猪链球菌病　脾脏异常肿大

（四）猪附红细胞体病（porcine eperythrozoonosis）

猪附红细胞体病是由附红细胞体（*Eperythrozoon*，简称附红体）寄生于猪等多种动物和人的红细胞表面或游离于血浆、组织液及脑脊液中引起猪临床上以发热、皮肤发红、贫血、黄疸，妊娠母猪流产、产死胎为特征的一种人兽共患病，又称为"猪红皮病"。

1. 病原及敏感药物

本病的病原为立克次氏体目无浆体科附红细胞体属中的附红细胞体。磺胺类药物、抗原虫类如血虫净及三氮咪、四环素类药物如土霉素、盐酸多西环素等对本病原有效。

2. 流行及发病特点

常见动物均能感染本病原；各日龄猪只均能感染本病原，但以仔猪、妊娠母猪和产后母猪多见。主要通过接触性、血源性、胎盘垂直及媒介昆虫四种方式传播本病原。本病发生具有明显的季节性，主要见于温暖炎热多雨的夏秋季节，每年的 6～9 月多发，冬季发病少见。

3. 临床症状

本病临床表征主要表现为高热（40～41℃以上）、皮肤及可视黏膜黄染或苍白、浓茶色尿液；病猪一般均精神萎靡，食欲不振，眼结膜潮红，背腰部、四肢末端有程度不等的瘀血。发病中前期，全身皮肤发红，指压不褪色。产后母猪出现奶量减少或无乳等表征。

4. 剖检病变

发生附红细胞体病的不同猪群病死猪均表现程度不等但相似的病理变化。全身肌肉色泽变淡，皮肤及黏膜苍白、黄染；血液稀薄、凝固不良；心脏内外膜有出血点，心肌松弛、柔软；全身淋巴结髓样肿大；肝脏肿大，呈土黄色或黄棕色；脾脏肿胀；肾脏呈土黄色或黄棕色；膀胱中尿液内有血液，或深黄棕色尿液。

剖检病变如图 3-18 ～图 3-24 所示。

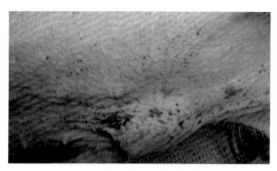

图 3-18　猪附红细胞体病　腹部皮肤黄染　　图 3-19　猪附红细胞体病　皮肤程度不等
　　　　　及铁锈色出血斑点　　　　　　　　　　　　的铁锈色斑点

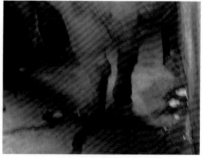

图 3-20　猪附红细胞体病　皮肤苍白，　　　图 3-21　猪附红细胞体病　棕红色
　　　　　可视黏膜黄染　　　　　　　　　　　　或棕黄色尿液（一）

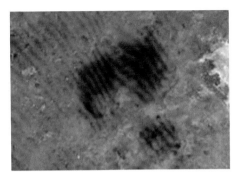

图 3-22　猪附红细胞体病　棕红色
或棕黄色尿液（二）

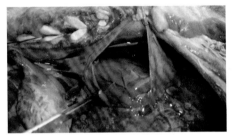

图 3-23　猪附红细胞体病　脏器黄染

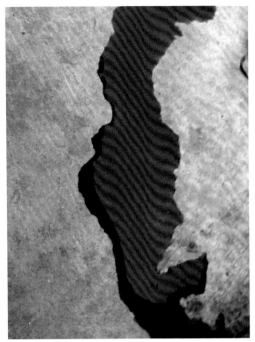

图 3-24　猪附红细胞体病　血液稀薄，凝固不良

（五）猪弓形体病（Swine toxoplasmosis）

猪弓形体病，又称为猪弓浆虫病或弓形虫病，是刚地弓形虫（*Toxoplasma gondii*）有性繁殖过程在猫的肠上皮细胞内，无性繁殖过程在猪、马、牛、羊、狗、猫等多种动物和人的有核细胞内而引起的一种人畜共患的原虫病。特征为发热、厌食、呼吸困难和皮肤发绀，怀孕母猪流产。

1. 病原及敏感药物

病原为刚地弓形虫，目前仅一个种，磺胺类药物对本病有特效，其他抗生素无效。

2. 流行及发病特点

患病猪及带虫动物均为本病的主要感染源，传播途径以消化道为主，呼吸道、胎盘、黏膜等也是本病原的传播途径。无明显的流行特点，但多发于夏秋炎热季节和犬、猫与猪混养的散养猪场。

3. 临床症状

发病初期体温升高到 40.5 ～ 42.0℃，呈稽留热，精神委顿，食欲减退，呼吸困难，常呈腹式。耳翼、鼻端、下肢、股内侧、下腹部出现紫红斑，间或有小点出血。病程为 10 ～ 15d，妊娠 50 ～ 70d 的母猪往往发生流产，也可引起早产或产死仔。

4. 剖检病变

剖检淋巴结呈髓样肿胀，灰白色；肝脏有针尖大小的灰黄色病灶；肾脏弥漫性瘀血点，肾皮质、髓质及肾盂乳头肿胀，出血；肺脏肿大、间质增宽；胸腹腔蓄积黄色渗出液。

剖检病变如图 3-25 ～图 3-29 所示。

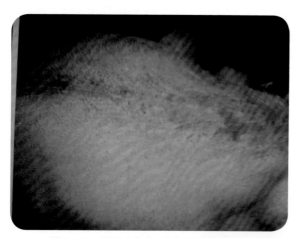

图 3-25　猪弓形体病　背部毛孔出血

图 3-26　猪弓形体病　病猪耳末梢发绀

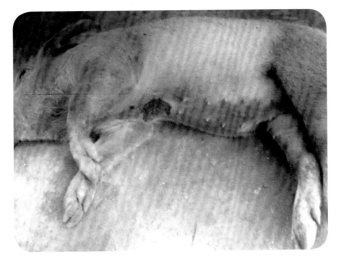

图 3-27 猪弓形体病 病死猪鼻、嘴唇、耳、颈部、腹部及四肢下端皮肤发绀

图 3-28 猪弓形体病 肾脏表面有
灰白色坏死灶，程度不等的黄染

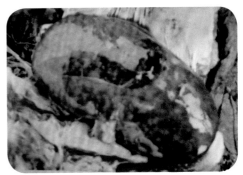

图 3-29 猪弓形体病 肾脏充血出血
肿大和坏死，外观似花斑肾

三、猪急性热性类症群鉴别诊断剖析

本类症群包括的猪瘟、猪丹毒、猪链球菌病、猪附红细胞体病及猪弓形虫病有相似性，均出现高烧、呼吸障碍及皮肤程度不同的相似或各异病变。在临床初步诊断中较易混淆。

1. 猪急性热性类症鉴别剖析

1) 从发病季节与发病特点鉴别分析

猪瘟、猪链球菌均无明显的发病季节性，一年四季均可发生。猪丹毒、猪附红细胞体病、猪弓形体病有较明显的发病季节，多发生于炎热潮湿的夏秋季节，尤其是猪附红细胞体病，多发于夏秋蚊蝇滋生的季节。近几年，猪链球菌病在夏秋炎热季节发生的报道较多。

从发病特点看，猪瘟因防控得当，目前急性或最急性败血型猪瘟临床的报道较少，在规模猪场多呈温和型存在和流行；猪丹毒临床以亚急性型出现的疹块型表征多见；猪链球菌病多与运输、饲养密度、圈舍清洁卫生及气温剧变等因素密切相关。猪附红细胞体病直接与猪场清洁卫生差、蚊蝇滋生较多有关。另外，从发病猪群来看，猪瘟、猪链球菌病母猪及公猪较少发生，多发生于仔猪及生长育肥猪；猪丹毒多见于生长育肥猪，猪附红细胞体病及猪弓形虫病各阶段猪群均易发生。

2）临床表征鉴别分析

临床症状分析，亚急性型猪丹毒因躯干皮肤出现程度不等、大小不一、形状各异的疹块而易与其他疾病区别；猪弓形虫病以背部与腹部毛孔出现铁锈色的出血点或出血斑为典型临床表征之一；猪附红细胞体病全身皮肤尤其可视黏膜、腹部皮肤呈苍白色或黄染而与本类症候群的其他几种疾病易区别。急性、最急性败血型猪瘟以皮肤出现点状或斑块状出血、公猪包皮积有恶臭的乳白色液体为特征。急性败血型猪链球菌多以胸腹部皮肤出现暗红色的瘀斑为特点。

3）用药疗效鉴别分析

本类症候群的5种疾病中，因猪瘟属于病毒性疾病，使用常规抗生素不能控制患病猪的病情和死亡率，使用特异性猪瘟血清制剂有特效；猪弓形虫病使用磺胺类药物有特效。另外，抗血液原虫病的药物如贝尼尔、新砷矾纳明等有一定疗效；猪附红细胞体病除磺胺类药物外，对贝尼尔、土霉素、盐酸多西环素等均有一定疗效；猪丹毒使用青霉素类药物如氨苄西林、青霉素 G 钠盐、钾盐等有特效；猪链球菌病对林可霉素类、头孢类、青霉素类药物均有效果。

4）特征性的剖解病变鉴别分析

猪附红细胞体病以全身脏器程度不等的黄染为其特征，尤其肝脏呈棕黄色或土黄色、肾脏呈棕黄色或土黄色为其特征；猪弓形虫病以肾脏、肝脏、淋巴结表面均有程度不等的白色坏死灶为特征；猪链球菌病典型特征为心腔积有煤焦油样血凝块、血凝不良、脑灰质和白质有出血点；猪丹毒典型剖解特征为脾脏呈樱桃红色、肾脏重度充血、出血，外观呈"大彩肾"，且慢性型或亚急性猪丹毒其心房室口有菜花样的赘生物；猪瘟以多脏器的广泛出血、肾脏及膀胱多表现针尖状出血点、脾脏边缘梗死灶、慢性型盲肠黏膜形成特殊的钮扣状溃疡与本群其他疾病相区别。

2. 重点疾病与其他类症群疾病鉴别剖析

本类症群疾病除易在临床上彼此误诊外，还易与猪繁殖与呼吸障碍综合征、猪巴氏杆菌病、猪传染性胸膜肺炎误诊。具体鉴别分析参见本书"猪呼吸障碍症候群类症群鉴别诊断"部分。

四、猪急性热性类症群防控原则及针对性防控措施

（一）猪急性热性类症群防控原则

1. 全群防控、分群治疗原则

单头或多头发生疑似本类症群后，根据疾病在猪场的发展进展情况，将猪群分为健康不易感染猪群、易感染猪群、发病轻症猪群、发病重症猪群，对易感染猪群、轻症猪群实行全群防控和对疑似疾病针对性用药与防控的方案；发病重症猪群采取单个或成批处方原则实施单个治疗与小批次多个体治疗。

2. 鉴别疾病发展阶段，科学处方

急性热症性症候群包括的疾病往往发病急，体温高，机体各脏器功能在不同阶段受损伤程度不同，机体内环境状态也各异，需采取依疾病发展阶段的科学处方。在疾病发展初期阶段应以控制和消灭病原为主；在疾病发展的中期阶段，以对症治疗为主，如高热就退烧，呼吸障碍以缓解呼吸障碍为主；在疾病发展的后期阶段，以调理脏器功能、逐渐增加针对病原的敏感药物为主。

3. 中西结合，疗程用药

针对轻症及重症猪群的单个或小批次用药，采取中药方剂与敏感抗生素联合应用，按少而精即一种中药方剂、一种至两种协同增效抗生素及其他配伍用药，严格按使用剂量标准，注射治疗3d为一个疗程，口服给药5～7d为一个疗程的原则，观察和及时调整用药方案。

4. 畅通排毒通道，修复排毒脏器功能

高热期间，有针对性地使用修复肺脏、肾脏及胃肠功能的处方，包括平喘和消炎如平喘散或对呼吸系统感染灵敏的头孢类抗生素，利尿如速尿及口服、注射或静脉滴注葡萄糖及生理盐水等；或灌肠、口服通肠散浸泡液等，加速结便的排出。

5. 强化管理，科学消毒

做好猪场的"三度一通风"工作，即圈舍的温度、湿度、猪群饲养密度及通风。同时，选择2或3种不同类别的消毒药如酸类和碱类等交替、彻底消毒，消毒流程一般按清理粪尿、冲洗、晾干、消毒、密闭、敞开等进行。

（二）针对性防控措施

1. 猪急性热性症候群可选药物

本类症候群包括的5种疾病既有病毒病原、细菌病原，也有原虫病原。因此、其临床敏感药物各异，细菌性病原因规模猪场的用药习惯与保健方式影响其药物敏感性，如该规模猪场长期采取阿莫西林、青霉素G钠盐等抗生素作保健，该猪场对这类药物敏感易产生耐药性。一般情况下，青霉素类药物对猪丹毒杆菌敏感；磺胺类药物、血虫净（又名贝尼尔）、土霉素、新砷矾纳明等对猪附红细胞体病敏感；猪弓形虫对磺胺类药物特效。青霉素类、林可霉素、杆菌肽及头孢类等革兰氏阳性细菌敏感的药物对猪链球菌效果较好。猪瘟无敏感抗生素、干扰素等抗病毒类制剂及猪瘟抗血清可作为控制该病的首选。

2. 针对性防控

1）猪附红细胞体病的针对性预防
本类症群的猪附红细胞体病属于典型的条件性与季节性疾病，也是近几年规模猪场发病较多的疾病之一，可于夏秋蚊蝇滋生季节，按保健疗程对猪群添加敏感药物用于预防、控制本病的发生。如于饲料中添加土霉素、血虫净等。

2）猪弓形虫病的针对性预防
犬、猫与猪混养是易发本病的主要原因。针对有该种情况的猪场，首先，杜绝继续猪、猫、犬混养的饲养管理模式；其次，可于易发病的夏秋炎热季节针对性地对猪群投服药物，尤其针对背腰部毛孔渗血明显和普遍猪群可采取投服扶正解毒散及磺胺类药物，但切记用药周期，因磺胺类药物易导致猪肾脏功能损伤。

第四章 猪繁殖障碍类症群鉴别诊断

一、类 症 概 述

猪繁殖障碍性传染病是指繁殖生理异常的一类疾病。以怀孕母猪流产，产死胎、木乃伊胎、弱仔、畸形、少仔和公母猪不育症或公猪弱精、少精、无精、不配合采精等为主要特征。随着养猪业规模化和集约化发展，猪繁殖障碍性传染病已成为大中型猪场最重要的疫病之一，并且呈全球性分布。引起猪繁殖障碍的传染病主要有猪繁殖与呼吸障碍综合征、猪细小病毒病、猪流行性乙型脑炎、猪衣原体病等。

二、类 症 识 别

（一）猪繁殖与呼吸障碍综合征（porcine reproductive and respiratory syndrome，PRRSV）

猪繁殖与呼吸障碍综合征是一种高度接触性传染病，由猪繁殖与呼吸综合征病毒引起的怀孕母猪早产、流产、产死胎以及仔猪的呼吸系统症状。1987 年，在美国中西部地区首次发现，并在全美迅速蔓延，短短几年内遍及全球。1991 年，该病在国际上提出用"猪繁殖 - 呼吸障碍综合征"来统一命名，曾用名"神秘病""蓝耳病""猪不孕和流产综合征""猪流行性流产和呼吸综合征"等。2006 年，中国南方发生了猪无名高热，全国各地学者收集了大量资料并开展相关研究，最后证实猪繁殖与呼吸综合征病毒变异株是本次猪无名高热病的主要病原之一。目前，猪繁殖与呼吸综合征病毒在世界范围内普遍存在，近几年，由于猪繁殖与呼吸综合征病毒不断变异，出现了毒力更强的新型猪繁殖与呼吸综合征病毒毒株，严重危害着养猪业，对控制和扑灭措施提出严峻挑战。

1. 病原及敏感药物

本病原为动脉炎病毒科、动脉炎病毒属的猪繁殖与呼吸综合征病毒。病毒对氯仿和乙醚敏感。目前，除血清抗体对本病毒特有效外，无其他特效药物。但据报道，发生本病后，使用替米考星能减缓本病引起的症状。

2. 流行及发病特点

猪繁殖与呼吸综合征病毒是具有高度接触性免疫抑制性的传染病病毒；各年龄段的猪群均可感染，感染途径包括口、鼻、眼、子宫、阴道等，既可以通过接触性的水平方式，也可以经感染母猪通过胎盘传染给胎儿的垂直传播方式传染本病。猪群一旦感染上猪繁殖与呼吸综合征病毒，很难根除，大多数猪群可以长期带毒，一旦其他病原侵入或猪群免疫力下降，就会暴发本病。本病无明显季节性，但多见于夏秋炎热季节，且多见于卫生条件差、饲养密度过大的猪场。

3. 临床症状

感染本病后，大小猪只均高热稽留，40～41℃以上，皮肤发红；呼吸急促、眼结膜炎、眼睑水肿；食欲下降或废绝、昏睡、扎堆、粪便干结；公猪精子活力下降、性欲降低；母猪流产、产死胎、返情、屡配不孕等繁殖障碍表征；部分猪有后躯无力、共济失调等神经症状，少数有呕吐症状。

4. 剖检病变

除流产胎儿外，病死猪全身淋巴结肿大，断面灰白色，腹股沟淋巴结肿胀明显；脾脏肿胀不明显，边缘有丘状突起，肺脏呈间质性肺炎，间质增生明显，外观肺脏呈红褐色花斑状；根据病程长短，左右肺脏均表现程度不等的肉变。

发育成熟的流产死胎淋巴结肿胀，肌肉呈"鱼肉样"；心肌柔软，冠状沟脂肪有少量出血点；脾脏无明显病变。

剖检病变如图4-1～图4-8所示。

图4-1　猪繁殖与呼吸障碍综合征　病死猪鼻唇腹部发绀，高烧昏迷中死亡

图 4-2　猪繁殖与呼吸障碍综合征 病猪耳臀等处皮肤发绀，耳末梢最为明显，俗称"蓝耳"

图 4-3　猪繁殖与呼吸障碍综合征 病死猪
胸腹部及臀部皮肤重度发绀

图 4-4　猪繁殖与呼吸障碍综合征 病猪耳末梢
发绀，暗红色，俗称"蓝耳"

图 4-5　猪繁殖与呼吸障碍综合征 母猪及仔猪群发性发病

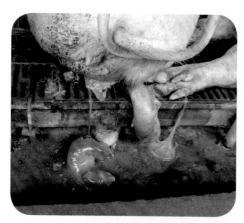

图 4-6　猪繁殖与呼吸障碍综合征
怀孕母猪流产

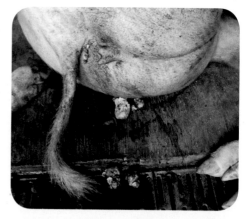

图 4-7　猪繁殖与呼吸障碍综合征
发病猪便秘，排球形或颗粒状粪便

图 4-8　猪繁殖与呼吸障碍综合征 脾脏肿大，呈蓝黑色

（二）猪细小病毒病（porcine parvovirus disease）

猪细小病毒病是由猪细小病毒引起的，以胚胎和胎儿感染及死亡而母体本身症状不明显的一种母猪繁殖障碍性传染病。以妊娠母猪特别是初产母猪发生流产和产死胎、畸形胎、弱胎、木乃伊胎为特征。

本病于 1967 年在英国报道，其后欧洲、美洲、亚洲及大洋洲很多国家均有本病的报道。目前世界各地的猪群中，该病普遍存在，在大多数猪场呈地方性流行。在中国，本病已分布广泛，规模猪场定期免疫逐渐降低了本病的流行。

1. 病原及敏感药物

本病病原属细小病毒科（Parvoviridae）细小病毒属（*Parvovirus*）的猪细小病毒。本病毒对外界抵抗力较强，目前无特效药物，疫苗免疫是防控该病的主要手段。

2. 流行及发病特点

猪是本病毒的唯一已知宿主，不同年龄、性别的猪均能感染本病毒。本病的发生具有较强的对象性，多见于初产母猪，且一般呈地方性流行或散发性流行。传播途径包括接触性的水平传播和经胎盘感染的垂直传播途径。

3. 临床症状

母猪感染后，表现多次发情而不孕，或同一时期内有多头母猪发生流产、产死胎和木乃伊胎、胎儿发育不正常，而母猪本身没有明显症状，但具有传染性，对公猪性欲和母猪受胎率没有明显影响。

4. 剖检病变

子宫内膜轻微炎症，母猪妊娠黄体萎缩，在大脑灰质、白质和软脑膜有以增生的外膜细胞、组织细胞和浆细胞形成的血管套为特征的脑膜炎变化，此为本病的特征性病变。流产胎儿多以木乃伊胎、死胎、畸形胎为主。

（三）猪衣原体病（porcine chlamydia disease）

猪衣原体病是由多种衣原体引起猪的繁殖障碍等多种疾病的总称，以表现流产、肺炎、肠炎、结膜炎、多发性关节炎、脑炎等多种临床症状为特征，常因菌株毒力、猪性别、年龄、生理状况和环境因素的变化而出现不同的类症群。

1. 病原及敏感药物

本病病原体为鹦鹉热衣原体，是一种介于细菌和病毒之间，类似于立克次氏体的一类微生物，呈球状，大小为 0.2 ～ 1.5μm，革兰氏染色阴性；对四环素类药物敏感，青霉素类药物对本病原有效。

2. 流行及发病特点

宿主广泛。不同品种及年龄结构的猪群均可感染，不同年龄症状不同，以妊娠母猪和新生仔猪最易感。病畜和带菌动物是主要传染源，无明显季节性，一般呈慢性经过，多呈散发、地方性流行。

3. 临床症状

妊娠母猪无先兆性流产、产死胎和产弱仔，公猪睾丸炎等生殖系统炎症，仔猪肺炎、肠炎，精神沉郁、腹泻、流泪、咳嗽和支气管炎等。

4.剖检病变

流产胎儿水肿，早产死胎和新生死亡的仔猪皮肤有出血斑点，头、胸及肩胛等部位皮肤出血，皮下结缔组织水肿。心脏和脾脏有出血点，肺脏淤血、水肿，表面有出血点或出血斑，质地变硬。肝脏充血、肿大，肾脏充血及点状出血。肠黏膜发炎而潮红，小肠和结肠黏膜面有灰白色浆液性纤维素性覆盖物，小肠淋巴结充血、水肿。

（四）猪乙型脑炎（Porcine japanese encephalitis）

乙型脑炎又称猪流行性乙型脑炎，是日本乙型脑炎病毒引起的一种人畜共患传染病，母猪表现为流产、产死胎，公猪发生睾丸炎。本病原不能使马属动物发生脑炎。乙型脑炎疫区分布在亚洲东部地区的日本、朝鲜、菲律宾、印尼、印度等国。最早发现于日本，故又称日本脑炎，在1895年就有本病记载。该病曾在马匹中大流行，1937年证实以往引起马脑炎的病毒与当地人流行性脑炎病相同。为了与当地冬季流行的甲型脑炎相区别，故称本病为日本乙型脑炎。由于本病的发生和流行给人畜健康和国民经济造成较为严重的经济损失，被世界卫生组织认为是需要重点控制的传染病。

1.病原及敏感药物

猪乙型脑炎病原为属于黄病毒科黄病毒属的乙型脑炎病毒，病毒抗原性比较稳定，目前仅发现1种血清型；病毒对外界抵抗力不强，对胰酶、乙醚、氯仿等敏感。本病原无特效药物，疫苗免疫是主要防控手段。

2.流行及发病特点

本病的发生具有严格的季节性，每年主要在夏季至初秋的6～10月份流行，呈散发、有时呈地方性流行，而隐性感染者较多。本病只在感染初期为病毒血症阶段才有传染性，以蚊虫为媒介传播。各品种、年龄、性别猪只均易感本病，发病年龄与性成熟期相吻合，一般6月龄左右。在猪群中感染率高、发病率低，绝大多数在病愈后不再复发，成为带毒猪。传染源为患病带毒动物，主要通过带毒蚊虫叮咬传播，多发生于蚊虫等吸血昆虫活动猖獗的季节和乙型脑炎流行地区。

3. 临床症状

不同猪群发生本病的临床表征不同。妊娠母猪常突然发生流产。流产前除有轻度减食或发热外，常不被人注意。流产多在妊娠后期发生，流产后症状减轻，体温、食欲恢复正常。少数母猪流产后从阴道流出红褐色乃至灰褐色黏液，胎衣不下。母猪流产后对继续繁殖无影响。流产胎儿多为死胎或木乃伊胎，或濒于死亡。部分存活仔猪虽然外表正常，但衰弱不能站立，不会吮乳；有的出生后出现神经症状，全身痉挛，倒地不起，1～3d死亡。有些仔猪哺乳期生长良莠不齐，同一窝仔猪有很大差别。

公猪除有上述一般症状外，还表现在发热后发生睾丸炎，一侧或两侧睾丸明显肿大，多表现一侧睾丸肿大，较正常睾丸大 0.5～1 倍或 1.5～2 倍。患猪睾丸阴囊皱褶消失、温热、有痛觉。白猪阴囊皮肤发红，两三天后肿胀消退或恢复正常，或变小、变硬，丧失制造精子的能力。

4. 剖检病变

肉眼观察病变主要在脑、脊髓、睾丸和子宫。脑膜及实质水肿、充血、出血，全身皮下水肿，胸、腹腔和心包积液，实质器官有小点出血。繁殖母猪子宫黏膜充血、出血、表面有黏稠的分泌物黏着。公猪睾丸肿大，实质内有充血、出血和坏死灶。

剖检病变如图 4-9 所示。

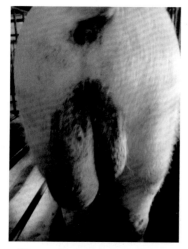

图 4-9　猪乙型脑炎　公种多见一侧性睾丸炎

三、猪繁殖障碍类症群鉴别诊断剖析

本书归纳入本类症群的疾病包括猪繁殖与呼吸障碍综合征、猪乙型脑炎、猪衣原体病及猪细小病毒病共 4 种疾病。感染这几种病原的母猪均表现出程度不同的流产、产死胎、早产、弱仔等繁殖障碍表征，单凭临床表征很难将其区别。

1. 猪繁殖障碍类症群鉴别剖析

1）从发病猪群鉴别分析

猪繁殖与呼吸障碍综合征、猪乙型脑炎、猪衣原体病及猪细小病毒病均对各年龄段母猪和公猪易感，且多发于未免疫该 4 种病原的各年龄段母猪和种公猪。在临床中，对初产母猪危害最严重且易感的是猪细小病毒病，其他 3 种病原初产母猪总体发病率少于猪细小病毒病。

2）从临床症状及病理剖解鉴别分析

猪繁殖与呼吸障碍综合征的"四大风暴"临床表征即能引起大小猪只死亡的死亡风暴，怀孕母猪出现程度不等的流产风暴，发病猪只均高烧的高热风暴及发病猪均呼吸困难并呈"蓝耳"表征的呼吸障碍风暴或"蓝耳"风暴，较易与本症候群其他 3 种疾病鉴别，患猪衣原体病、猪乙型脑炎、猪细小病毒病的病猪临床不会同时出现猪繁殖与呼吸障碍的"四大风暴"表征。

猪乙型脑炎病毒若同时导致公猪、怀孕母猪感染，感染公猪易出现一侧性睾丸炎，偶为两侧性睾丸炎，外观睾丸所在阴囊异常肿胀，可从临床上初步诊断和区别本病；另外，本病多发生于蚊蝇滋生的夏秋炎热季节；其次，感染猪乙型脑炎病毒的怀孕母猪所产存活仔猪多有神经症状，流产死胎脑膜充血、出血及水肿病变明显，而感染猪衣原体病、猪细小病毒病的怀孕母猪所产幸存仔猪不表现神经症状，流产死胎脑膜少有充血、出血及水肿病变。

感染猪衣原体与猪细小病毒的怀孕母猪及公猪，因均能导致流产、产死胎、弱仔，临床无特征表征，较难单纯性地从流产胎儿、弱仔等繁殖障碍表征进行临床初步鉴别诊断，需借助实验室特有方法如 PCR 抗原定性检测法进行检测。

2. 重点疾病与其他类症群疾病鉴别剖析

1）猪繁殖与呼吸障碍综合征与其他类症群疾病鉴别剖析

猪繁殖与呼吸障碍综合征引起的流产、死胎等繁殖障碍表征除较易与本群疾病误诊外，临床的高烧、呼吸障碍及死亡风暴等临床典型症状极易和猪败血型链球菌病、猪巴氏杆菌病、猪传染性胸膜肺炎、猪弓形虫病误诊。但高烧、呼吸障碍及死亡风暴在这几种疾病的临床表现中侧重点各不相同。猪巴氏杆菌和猪传染性胸膜肺炎侧重于呼吸障碍；猪弓形虫病侧重于高烧症状；猪败血型链球菌病发病急、死亡快；猪繁殖与呼吸障碍综合征同时具有高烧、呼吸障碍、大小猪只均出现死亡及流产风暴四个临床典型表征。

猪传染性胸膜肺炎、猪败血型链球菌病、猪巴氏杆菌病一般不引起怀孕母猪流产，猪弓形虫病易引起怀孕母猪流产。通过观察发病流产母猪是否流产可对这几种误诊疾病做出初步诊断。

典型尸体剖检特征是进一步从临床上初步鉴别上述疾病的重要指标。前述易误诊的5种疾病剖检典型特征参见本书前面的对应章节内容，本处不作赘述。

2）猪乙型脑炎与猪伪狂犬病鉴别分析

这两种疾病均能引起怀孕母猪流产、产死胎、返情和空怀等繁殖障碍，均能引起幸存仔猪神经症状，单从临床上较易误诊。本书根据临床主要表征将猪伪狂犬病归入神经紊乱症候群，但仔细分析，能从临床与病理剖析做出初步的鉴别诊断。猪乙型脑炎一般具有明显的发病季节，多发生于蚊蝇滋生的夏秋炎热季节，猪伪狂犬病无季节性，一年四季均可发生；若整个种猪群不同程度感染猪乙型脑炎病毒，其感染公猪多出现一侧性睾丸炎，偶有双侧性睾丸炎，感染伪狂犬病毒的公猪无此表征。经胎盘垂直感染猪伪狂犬病毒的幸存仔猪一般具有"八字脚、斜耳、颤抖"等典型临床症状，同时伴随仔猪排红黄色似菜花样的稀粪；病死仔猪肝脏表面常有灰白色坏死灶，而乙型脑炎除神经症状外，病死仔猪肝脏一般不出现灰白色坏死灶。

四、猪繁殖障碍类症群防控原则及针对性防控措施

1. 猪繁殖障碍类症群防控原则

1）完善科学免疫程序，定期监控抗原抗体水平

根据猪场前期重点疫病的抗原抗体监测水平，根据生产流程设计并完善针对猪繁殖与呼吸障碍综合征、猪乙型脑炎、猪伪狂犬病等的免疫程序，定期采集血液或流产、弱仔、死胎组织器官送动物疫病检测机构进行抗原、抗体水平的检测，在此基础上及时调整猪群免疫程序，保证繁殖种猪群上述病原的抗体水平长期处于保护水平。

2）强化饲养管理和定期消毒工作

坚持猪场明确的功能模块分区及管理措施；杜绝犬、猫、禽、猪混养现象；做好生产区各猪舍的温度、湿度、饲养密度与各幢猪舍和各圈舍内部的通风工作；选择2或3种不同类型的消毒药品交替按消毒程序严格消毒生产区各个角落。

3）适时做好怀孕母猪与种公猪针对性的保健

根据种猪群上述繁殖障碍疾病抗体水平监测结果，对几种病原抗体水平普遍较低的种母猪群，于怀孕前期和中期采取人工主动免疫方式给怀孕母猪注射猪繁殖与呼吸障碍综合征、猪伪狂犬、猪乙型脑炎等病原的单一、双联或多联抗体，

有助于初生仔猪存活。

根据猪群健康状况及市场行情，可对怀孕母猪、哺乳母猪、间情期母猪、种公猪分别按每月连续 14 ～ 21d 于饲料中添加益生菌剂，或保胎散、益母散、扶正解毒散、金锁固精散等。

4）严格坚持公、母同免及坚决的淘汰制度

种公猪、种母猪按设计的免疫程序与抗原抗体监测制度各自严格执行，需采取补免、人工主动免疫等手段其抗体水平仍不达标，且繁殖猪群整体状况较差、繁殖性能总体不好的种猪，严格执行淘汰制度，直接按猪场淘汰种猪程序处置。

2.针对性防控措施

1）发病与疑似健康种猪群紧急被动免疫

经实验室 PCR 抗原检测猪群由上述病原引起的繁殖障碍，可采取购买相应商品疫苗倍量或多倍量紧急接种繁殖猪群，包括经产母猪与种公猪，其中配种 30 日龄的怀孕母猪原则上不免疫。未进行实验室 PCR 针对性抗原检测猪群，疑似因繁殖障碍性疾病所引起的猪群，根据所在猪群属于父母代种母猪或祖代种母猪，采集病死猪（包括流产胎儿、弱仔等）相关组织器官，制备自家组织灭活疫苗，紧急接种发病猪群。原则上祖代以上猪场不建议进行自家疫苗紧急免疫。

2）发病种猪群紧急人工主动免疫

出现流产、死胎等繁殖障碍且经实验室快速检测为上述病原性繁殖障碍，除对发病母猪按紧急免疫接种及淘汰制度执行外，可对疑似健康怀孕母猪群、初生仔猪采取人工主动免疫猪繁殖与呼吸障碍综合征、猪伪狂犬病等病原的单一或多联抗体制剂，具体使用剂量参照厂家说明书。

3.猪繁殖障碍症候群防控注意事项

（1）本类症候群除衣原体外均属于病毒性病原，抗生素不能有效防控繁殖障碍，加强免疫及定期抗原抗体水平监测是主要防控措施及手段。

（2）怀孕母猪及种公猪慎用活疫苗进行免疫。

第五章　猪皮肤及毛发损伤类症群鉴别诊断

一、类 症 概 述

猪皮肤及毛发损伤症候群是由各种病原引起以猪的皮肤出现各种病变、毛发受到程度不等的损伤和病变为主要临床表征的一类疾病。主要包括猪口蹄疫、猪痘、猪皮炎与肾病综合征、猪葡萄球菌病、猪疥螨病、猪玫瑰糠疹等。

二、类 症 识 别

（一）猪口蹄疫（swine foot and mouth disease，FMD）

口蹄疫是偶蹄动物的一种由口蹄疫病毒引起的急性、热性和高度接触性传染病，是世界上危害最严重的动物传染病之一。主要特征是在口腔黏膜、蹄部、乳房、皮肤形成水疱和溃烂。本病传染性强、传播速度快、不易控制和消灭，国际兽疫局一直把本病列为 A 类动物疫病之首。口蹄疫具有国际重要性，为防止口蹄疫病毒新型或亚型毒株传染人，各国对进出口贸易都采取了极为严格的限制，将本病列为主要检疫对象，严加防范。

1.病原及敏感药物

病原为 RNA 病毒科口腔疫病毒属的口蹄疫病毒。目前已发现本病毒有 O 型、A 型、C 型、Asia-1 型（亚洲 I 型）、SAT1 型（南非 1 型）、SAT2 型（南非 2 型）、SAT3 型（南非 3 型）7 个血清主型。已知有 70 个以上的亚型，各型之间无交叉免疫，这导致口蹄疫病毒具有多型性和异变的特点。中国以 O 型流行为主，其次为 A 型和亚洲 I 型。

口蹄疫病毒耐低温，在低温环境其传染性能保持数年之久。无特效药物，接种本地流行毒株疫苗是防控本病的有效方式。

2. 流行及发病特点

口蹄疫病毒可侵害多种动物，其中以偶蹄兽最易感，而又较容易从一种动物传到另一种动物。病畜是主要传染源，在出现症状后的头几天排毒量最大，病猪排毒量以破溃的蹄皮为最多。猪经呼吸排至空气中形成的含毒气溶胶比牛多1000倍。病毒以直接或间接接触方式传染。经消化道、损伤或未损伤的皮肤和黏膜均可感染。呼吸道感染是一条重要的途径。

家畜的流动、畜产品、家畜排泄物、运输工具、人员及某些非易感动物都是重要的传播媒介。空气流动可传播 50 ～ 100km。高湿和适中的气温更有利于空气传播。本病的发生没有严格的季节性，但以秋末、冬春多发。一旦发生，往往呈流行性，其传播既有蔓延式的，也有跳跃式的。

3. 临床症状

本病发生后，传播迅速。母猪、哺乳期仔猪、保育猪及生长育肥猪表现症状相似，但严重程度不同。母猪、保育猪、生长育肥猪感染口蹄疫病毒时，病初体温均可高达 40 ～ 41℃，精神不振，食欲减退或废绝。蹄冠、蹄叉和蹄踵部肿胀、发红并形成水疱，水疱内为透明或混浊的淡黄色液体。水疱破溃后出现红色的糜烂，表面有浆液性渗出液，出现跛行。另外，在鼻镜、乳头、唇、舌、齿龈及上腭也常形成水疱和糜烂，尤其哺乳母猪乳房部水疱和溃烂较常见。无继发细菌性感染时，1 周左右即可结痂愈合。继发感染则严重侵害蹄叶，有的病猪蹄壳脱落，患肢不能着地，病猪卧地不起。哺乳期仔猪一般呈急性胃肠炎和心肌炎而突然死亡，病死率可高达 60% ～ 80%。病程稍长的病猪可见齿龈、唇、舌及鼻面上有水疱和糜烂。

4. 剖检病变

病理变化除口腔、蹄部及乳房等部位形成水疱和糜烂之外，死亡的小猪可见心肌变性、色泽较淡、质地松软，或心肌变性坏死，有淡黄色斑纹或不规则斑点，一般称"虎斑心"。心内、外膜出血。

剖检病变如图 5-1 ～图 5-3 所示。

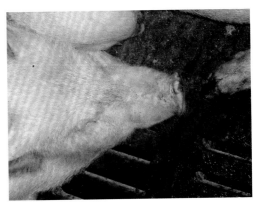

图 5-1　猪口蹄疫　病猪鼻唇部水泡

图 5-2　猪口蹄疫 蹄缘水泡破溃及蹄壳脱落　　　图 5-3　猪口蹄疫 水泡破裂，蹄壳脱落
　　　　　　　　　　　　　　　　　　　　　　　　　　　　　　或破裂导致出血

（二）猪皮炎与肾病综合征（porcine dermatitis and nephropathy syndrome，PDNS）

　　猪皮炎肾病综合征由猪圆环病毒 2 型（PCV-2）引起，以 8 ～ 13 周龄猪感染为主，其特征是引起淋巴系统疾病、渐进性消瘦、呼吸道症状，造成患猪免疫机能下降、生产性能下降；主要临床症状为仔猪先天性震颤、断奶仔猪消瘦、呼吸急促、咳喘、黄疸、腹泻、贫血等。本病具有严重的免疫抑制性。

　　猪圆环病毒是由德国科学家 Tischer 等于 1974 年在 PK-15 细胞系中发现，当时认为它是一种细胞污染物，后被其证实为一种新的单链环状 DNA 病毒，命名为 PCV-1。早期研究认为，PCV-1 对猪无致病性，但近期从死亡的仔猪分离到该病毒。Hinea 和 Lukert 认为，PCV 是新生仔猪先天性震颤的病原，1997 年加拿大和新西兰学者认为猪断奶后多系统衰竭综合征与 PCV 有关。同年在法国首次从僵猪综合征的仔猪中分离到 PCV-2。

1. 病原及药物敏感性

　　猪圆环病毒属于圆环病毒科圆环病毒属。这类病毒有鸡贫血病毒、鹦鹉喙羽病毒。它是动物病毒中最小的一员。猪圆环病毒有两个血清型，即 PCV-1 和 PCV-2。PCV-1 对猪无致病性，但能产生血清抗体，并且在调查的猪群中普遍存在。PCV-2 对猪只具有较强的易感性，并引起感染猪只表现临床症状。猪是 PCV 的主要宿主。PCV-1 和 PCV-2 无交叉反应性。猪圆环病毒对外界抵抗力较强。无特效药物，免疫接种 PCV-2 型疫苗是防控本病的主要方式。

2. 流行及发病特点

　　该病主要发生于保育猪和生长育肥猪，一般呈散发，病死率低。传染源为发病猪和带毒猪，感染猪可以通过鼻液和粪便排毒，经口腔、呼吸道途径传播。怀孕母猪感染 PCV-2 后，也可通过胎盘垂直传播本病，引起繁殖障碍。

PCV-2 是致病的必要因素，但不是充分条件，必须在其他因素参与下才能导致明显临床病症。这些因素包括：猪舍温度不适、通风不良、不同日龄猪混群饲养、猪体免疫接种应激等；此外，其他重要病原体的混合感染也是重要病因。

本病引起的免疫抑制使猪对其他病原易感，尤其是猪繁殖与呼吸综合征、猪细小病毒病、猪伪狂犬病等。

3. 临床症状

常见临床症状有病猪皮肤苍白，以臀部、背部、躯干两侧壁出现圆形或不规则形的隆起，呈红色或紫色中央为黑色的病灶。外观形似人青春期脸上的青春痘。病灶呈条带状和斑块。发病温和且无其他病原并发或继发的病猪体温一般正常，行为无异，常自动康复。有继发或并发其他病原的病猪，或机体状态本身处于亚健康的病猪，症状较重，除上述皮肤隆起症状外，还显示跛行、发热、厌食或体重减轻。

4. 剖检病变

病死猪躯干皮肤出现不同程度的皮炎变化。全身淋巴结不同程度肿大，外观呈灰白色或深浅不一的暗红色，切面外翻多汁，灰白色脑髓样，腹股沟淋巴结比正常肿大 3～5 倍是本病的特征病理变化之一。脾脏肿大，边缘有丘状突起以及出血性梗死灶，也有高度肿胀和弥漫性出血，20%～30% 的脾脏大面积出血坏死被机化吸收，仅残存 1/2 或 1/3。

肾脏不同程度的肿大，呈纤维蛋白坏死性肾小球肾炎，外观肾脏不同程度肿大，表面有弥漫性细小出血点不一、大小不等的灰白色的病灶，色彩多样，构成花斑状外观，肾脏切面外翻。肺脏有间质性肺炎或纤维素性胸膜肺炎病变，但不是本病的特征性病变。肝脏不同程度变性，质脆，表面偶有灰白色散在病灶。胆汁呈浓稠豆油状，呈不同程度的浓绿色，内有尘埃。全身性坏死性脉管炎是本病的又一特征病理变化。

剖检病变如图 5-4～图 5-8 所示。

图 5-4　猪圆环病毒病 – 皮炎与肾病综合征
猪背部皮肤呈颗粒状突起

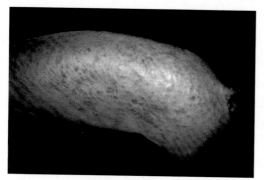

图 5-5　猪圆环病毒病－皮炎与肾病综合征　躯干皮肤颗粒状突起

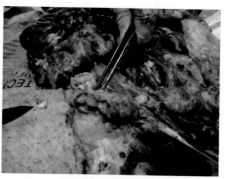

图 5-6　猪圆环病毒病－皮炎与肾病综合征腹股沟淋淋巴结肿大正常体积 3～5 倍，断面灰白色

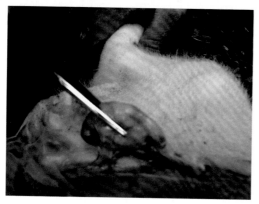

图 5-7　猪圆环病毒病　皮炎与肾病综合征　腹股沟淋淋巴结肿大正常体积 3～5 倍，断面灰白色

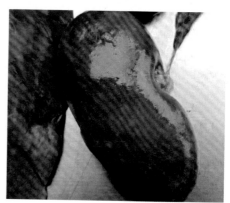

图 5-8　猪圆环病毒病－皮炎与肾病综合征　肾肿大，表面分布程度不等的白色坏死灶

（三）猪痘（Swine pox）

猪痘是由痘病毒引起的一种急性、热性和接触性传染病。其特征是皮肤和黏膜上发生特殊的红斑、丘疹、脓疱和结痂。猪痘最早报道于欧洲，现已呈世界性分布。其发生与猪的饲养卫生欠佳有关，引起的经济损失不大。

1. 病原及药物敏感性

病原主要有两种，一种是产猪痘病毒，仅使猪发病；另一种是痘苗病毒，可使牛、猪等多种动物感染。它们均属于痘病毒科、脊髓动物痘病毒亚科、猪痘病毒属成员。两种病毒对外界抵抗力均不强，但较耐干燥。本病原无特效药物，接种疫苗是最有效的防控方式。

2. 流行及发病特点

猪痘病毒只感染猪，以4～6周龄的仔猪多发，成年猪有抵抗力。本病的传播方式一般认为不能由猪直接传染给猪，而主要由猪血虱等体外寄生虫、蚊、蝇及损伤的皮肤传染。发病无明显季节性，但以春秋天气阴雨寒冷、猪舍潮湿污秽以及卫生差、营养不良等情况下流行比较严重，发病率很高，病死率不高。本病一旦发生，在同圈舍或同批猪群中的传播速度较快。

3. 临床症状

病猪体温升高至41～42℃，精神沉郁、食欲不振、喜卧、寒战、行动呆滞，鼻黏膜和眼结膜潮红、肿胀，并有分泌物，分泌物呈黏液性。在下腹部和四肢内侧、鼻镜、眼睑、面部皮肤皱褶等无毛或少毛部位出现痘疹，也有发生于身体两侧和背部的。典型的猪痘病灶初为深红色的硬结节，突出于皮肤表面，擦破痘疤后形成痂壳，导致皮肤增厚，呈皮革状。在强行剥落后，痂皮下呈现暗红色溃疡，表面附有微量黄白色脓汁。在病的后期，痂皮会裂开、脱落，露出新生肉芽组织，不久又长出新的黑色痂皮，经2或3次褪皮后才长出新皮。本病多为良性经过，病死率不高。但猪舍环境较差、天气聚变时易继发感染而增加发病仔猪的病死率。

4. 剖检病变

本病较少致猪死亡，病猪病变主要发生于鼻镜、鼻孔、唇、齿龈、颊部、乳头、齿板、腹下、腹侧、肠侧和四肢内侧的皮肤等处，也可发生在背部皮肤。死亡猪的咽、口腔、胃和气管常发生疱疹。

剖检病变如图5-9～图5-10所示。

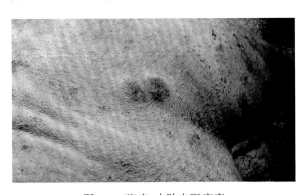

图 5-9　猪痘　皮肤出现痘疹

图 5-10　猪痘 皮肤痘结痂

（四）猪渗出性皮炎（swine exudative epidermitis）

猪渗出性皮炎又名猪葡萄球菌病，又名仔猪油皮病、猪脂溢性皮炎或猪煤烟病，是由金黄色葡萄球菌（*Staphylococci aureus*）和猪葡萄球菌（*Staphylococcushyicus*）引起猪的一种接触性传染病。前者可造成猪的急性、亚急性或慢性乳腺炎，坏死性葡萄球菌可造成皮炎及乳房的脓疱病；后者是猪渗出性皮炎的主要病原。

1. 病原及药物敏感性

本病的病原为猪葡萄球菌，革兰氏染色阳性，对外界抵抗力较强。青霉素类药品如青霉素钾盐、钠盐、氨苄西林等，林可霉素类和头孢类药品对本菌均一定程度敏感。

2. 流行及发病特点

本病具有较明显的对象性，主要感染哺乳期仔猪，尤其 5～10 日龄哺乳期仔猪最易发生本病。具有一定的季节性，以潮湿的春、秋季节较多发。本病的发生与圈舍清洁卫生、仔猪皮肤黏膜损伤、仔猪机体抵抗力等密切相关，曾发本病的猪舍、感染有疥螨病的猪舍易发本病。发病具有窝次性是本病的特点，即出现同窝仔猪先后依次发病。

3. 临床症状和病理变化

病初，多在肛门和眼睛周围、耳、腹部等无毛部位出现红斑，并出现 3 ～ 4mm 大小的微黄色水疱。水疱迅速破溃，渗出清亮的浆液或黏液，继而形成薄的、灰棕色片状渗出物，在 3 ～ 4d 扩展到全身。随着病程的延长，渗出液与皮屑、皮脂和污垢混合干燥后形成覆盖在猪皮肤上的一层厚厚的棕灰色结痂，外观似"绵羊猪"。病猪一般不显现瘙痒，较少发热。发病仔猪食欲不振、脱水、饮水增加、迅速消瘦，严重者 3 ～ 8d 死亡或形成僵猪，较大日龄的小猪，一般 30 ～ 40d 可康复，发病猪的年龄和体重越大，症状越轻。感染本病的哺乳期仔猪若未进行及时治疗，多以僵猪和死亡告终。

病死仔猪一般均呈脱水、消瘦，外周淋巴结通常水肿和肿大，在肾盂及肾乳头部检出大量灰白色或黄白色的尿酸盐沉积，部分出现肾炎。

临床症状和病理变化如图 5-11 ～图 5-12 所示。

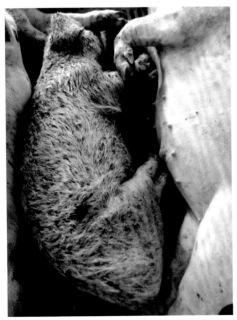

图 5-11　猪渗出性皮炎　毛发黏附呈灰黑色或灰白色

图 5-12　猪渗出性皮炎　同窝发病与健康仔猪

（五）猪疥螨病（swine sarcoptic acariasis）

猪疥螨病俗称猪癞，是一种寄生虫性传染病，主要由猪疥螨寄生于猪的表皮内而引起病猪呈现皮肤剧痒和皮肤炎症为特征的一种接触性感染的慢性皮肤寄生虫病。各年龄段和品种的猪都能感染。本病分布广泛，各地都有发生，饲养管理和环境条件差，特别是阴暗、潮湿和拥挤的猪舍最易感染和流行，一般感染影响生长和发育，严重感染时成为僵猪甚至造成死亡。

1. 病原及敏感药物

病原为疥螨科疥螨属的猪疥螨。螨净、辛硫磷、双甲脒等对本病原敏感。

2. 流行及发病特点

本病主要是接触传播，多发生于阴雨潮湿的天气如秋冬和早春及饲养密度过大的圈舍，具有很强的传染性，一般以窝为单位渐次发病。

3. 临床症状与剖检病变

病初，耳内侧、耳根部、眼周围开始出现米粒大小的红色结节，以后蔓延至背部、体内侧，形成水疱，水疱破溃后与脱落的上皮、被毛和尘埃形成结痂。病猪体温、食欲正常，主要表现剧痒，到处摩擦患部，以致患部皮肤脱毛、增厚、出血，形成皱褶和龟裂，有的还发生严重脱皮现象。本病最初多从耳廓内开始发病，患猪耳廓内均可见污垢样物质是其临床特征。

临床症状与剖检病变如图 5-13 ～图 5-15 所示。

图 5-13　猪疥螨病　耳郭及面颊等结痂及剧痒

图5-14　猪疥螨病　皮肤红色丘疹样突
起及剧痒，毛发脱落

图5-15　猪疥螨病　皮肤最初出现
红色丘疹样突起

（六）猪玫瑰糠疹（pityiasis rosea of swine）

　　猪玫瑰糠疹也称猪的蔷薇糠诊，或银屑样脓疱性皮炎，是以人的类似疾病命名的，其特征是在皮肤发生浅红色的糠疹，发病率高而死亡率低，多发生于哺乳期仔猪，10日龄之前极少见，每窝1或2头发病，或多数发病，一般发病率约为50%。本病在许多国家均有报道。

　　该病常见于刚断奶的仔猪到4月龄之内的保育猪或青年猪，属于一种遗传性疾病，有学者认为是一种不明的病毒性皮肤病。临床上猪只的病变多见于腹下、四肢内侧、尾根的四周及臀部等处。病初在患部的皮肤上出现小片状隆起的红斑和小红泡，周围的边缘快速形成隆起的圈围，由于外周呈红玫瑰色隆起并附着灰黄色糠麸状银屑，所以称为玫瑰糠疹。

1. 病原及敏感药物

　　本病的病因尚未明确，但据报道多与遗传有关。无特效药物，也无有效疫苗，提高猪场饲养管理及猪群非特异性保护水平、改良和筛选优良种猪群有助于降低本病的发生。

2. 流行及发病特点

　　本病无季节性，但具有较明显的对象性，多发生于4～8周龄的刚断奶仔猪

图 5-16　猪玫瑰糠疹　腹部出现对称性的
　　　　"玫瑰花环"样隆突

或保育仔猪,10 日龄以内的仔猪很少发病。发病具有较明显的遗传性,多发生于来自同一头种公猪或同一头母猪所产仔猪。

3. 临床症状及剖检病变

多开始于腹部被毛稀少部位,呈对称性地在腹部、腹股沟部、头部和背部等皮肤出现小而隆起的红斑性肿胀,周围的边缘快速形成隆起的圈围,外观似大小不等的玫瑰花斑纹。随着病程发展,猪玫瑰花纹呈环状的痂皮斑,继而中央部位转为正常周围红变凸起。严重时病变部融合。大多数 3 ～ 5 周自愈,也有长达 10 周才能完全消失。

临床症状及剖检病变如图 5-16 所示。

（七）猪皮肤霉菌病（Dermatomycosis of swine）

猪皮肤霉菌病又俗称猪钱癣病,是由多种皮肤霉菌引起的人、畜、禽共患的皮肤传染病,又称皮肤真菌病、表面真菌病、小孢子病等。该病分布于世界各地。对猪主要引起被毛、皮肤、蹄等角质化组织的损害,形成癣斑,表现为脱毛,脱屑炎性渗出、痂块及痒感等特征性症状,俗称钱癣、脱毛癣、秃毛癣等。

猪皮肤真菌病一旦感染较难清除,虽然不像其他疫病一样短时间造成较大的经济损失,但可以诱发其他疫病。而且是人畜共患病。猪患了这种病后影响其休息,并且消耗能量。这种病一般较难治愈,因此对猪场危害较大。

1. 病原及药物敏感性

病原为半知菌亚门发癣菌属和小孢霉菌属内的霉菌,发癣菌是主要病原,两属皮肤霉菌抵抗力均很强,对一般消毒药耐受性强,对一般抗生素和磺胺类药物均不敏感。制霉菌素、两性霉素 B 对该菌有抑制作用。

2. 流行及发病特点

各年龄段、品种的猪均可感染本病,仔猪和营养不良、皮毛不洁的成年猪易感。病人及病畜是主要传染源。猪钱癣病发生率低，但具有较明显的发病前提条件，多发生于高热、潮湿的季节，阴暗、潮湿的猪舍尤其新建且未干燥的猪舍及饲养密度过高的情况下多见。

3. 临床症状和剖检变化

发病猪皮肤癣斑呈圆形或多环形，有的呈丘疹状，在四周有丘疹、水疱、结痂或鳞屑组成的高出皮面的环状边缘，多发生于头、颈、躯干和四肢等处。皮肤病变无对称性，有痒感。

（八）猪感光过敏症（swine allergy from sunlight）

有些植物富含特异性感光物质，长期或大量用其饲喂白皮肤猪时，就会提高猪对日光的敏感性，而使暴露于日光下的皮肤发生红斑、疹块、溃疡乃至坏死、脱落的疾病，称为感光过敏症，又称为光能效应植物中毒。严重病例可伴有头部黏膜的炎症、胃肠功能障碍，甚至出现神经症状。

1. 病因

1）原发性感光过敏症

原发性感光过敏症是由于动物吃了外源性光能剂而直接引起的，富含感光物质的植物有金丝桃、芥麦、野胡萝卜、多年生黑麦等野生植物。

2）继发性感光过敏

引起这类感光过敏的物质几乎全部是叶绿胆紫素，它是叶绿素正常代谢的产物，当肝脏功能障碍或胆管闭塞时，叶绿胆紫素便同胆色素一起进入体循环，被血流带到皮肤，在阳光作用下发病。引起继发性感光过敏的物质主要有藜、某些霉菌、某些有毒植物等，也有许多未知的物质如红三叶草、紫花苜蓿等。

3）先天性感光过敏

临床上较少见。

4）其他

在促进蛋白吸收的维生素缺乏情况下，单一的、大量的蛋白质如荞麦、豆科等进入机体，进而发生毒性作用。

2. 发病特点

猪感光过敏症仅见于夏秋气温较高及阳光照射强烈的季节；多发于白毛猪，

且多见于生长育肥猪尤其育肥猪和种公猪、种母猪。本病不具有传染性，但具有方向性，即朝向阳光强烈照射的猪只多发病，未被阳光直接照射的猪只很少发病或不发病。

3. 临床症状与剖检病变

初患病猪头部、背部和颈部等皮肤出现红斑、水肿，触之敏感，皮肤奇痒。由于磨蹭擦痒，可使表皮磨破，渗出黏稠液体，干后与毛粘连，耳壳变厚，眼结膜充血，眼睑被脓性分泌物粘连。数日后皮肤变硬、龟裂，1周后皮肤表面的坏死逐渐分离，露出鲜红色的肉芽面。严重病猪还表现黄疸、腹痛、腹泻等消化道和肝病症状，或表现出呼吸高度困难、泡沫样鼻液等呼吸紊乱症状。有的则出现兴奋不安、无目的地奔走、共济失调、痉挛、昏睡以至麻痹等神经症状。

病死猪除皮肤不同程度炎性病变和皮下组织水肿外，常见全身黄染、胃肠炎症、肝脏变性乃至坏死，有的伴发肺水肿。

三、猪皮肤及毛发损伤类症群鉴别诊断剖析

本类症群疾病包括猪圆环病毒病、猪疥螨病、猪痘、猪渗出性皮炎、猪口蹄疫病、猪感光过敏症、猪玫瑰糠疹、猪钱癣病共8种疾病，均在患病猪躯体或四肢皮肤出现变红、水泡状、痘状突起等的病变，在临床易引起误诊。

1. 猪皮肤及毛发损伤类症鉴别剖析

1）从发病日龄鉴别分析

本类症群中猪口蹄疫、猪钱癣病、猪疥螨病无明显的发病对象性；其他五种疾病均有较明显的发病对象性。其中猪圆环病毒皮炎肾病综合征以生长育肥猪多见；猪渗出性皮炎以哺乳期仔猪尤其5～10日龄哺乳仔猪多发；猪感光过敏症多见于生长育肥猪及怀孕母猪、种公猪，哺乳期至保育阶段的仔猪很少发病；猪玫瑰糠疹多发于4～8周龄刚断奶仔猪或保育阶段仔猪，其他猪群很少发现本病。猪痘多发生于4～6周龄仔猪。

2）从发病季节鉴别分析

本类症群中大部分疾病具有明显的季节性。猪口蹄疫多发于秋末、冬春气温较低的季节；猪痘、猪渗出性皮炎、猪疥螨病多发于阴冷、潮湿的季节；猪钱癣病多发于高热潮湿的季节如每年的夏秋季节。猪感光过敏症仅见于夏秋阳光强烈且炎热的季节。猪圆环病毒皮炎肾病综合征、猪玫瑰糠疹无明显季节性。

3）从发病特点分析

本类症群的各种疾病的传播速度、死亡率各不相同，可作为初步鉴别诊断的依据。猪口蹄疫传播速度快，在同圈、同幢、同场内传播迅速，会导致发病仔猪大面积死亡；猪痘传播速度快，病死率低；猪疥螨病、猪渗出性皮炎发病呈同圈或同窝内的渐次性发展，即同圈或同窝仔猪中的一头发病，同圈或同窝的其他仔猪逐渐感染表现相同症状。猪玫瑰糠疹具有遗传性，多发生于来自同一头母猪或同一头公猪所产的仔猪，不具有传染性，病死率低。猪感光过敏症具有明显的对象性和季节性，一般仅白毛猪种在夏秋炎热且阳光直射时易发，不具有传染性，病死率极低。猪钱癣病多发生霉味较重、圈舍阴暗潮湿的地面平养猪场，以接触圈舍墙壁、地面的部位最先发病，尤其是腹部。猪圆环病毒病皮炎肾病综合征病死率低，具有传染性，但传播速度较慢。

4）用药疗效鉴别分析

除猪渗出性皮炎能使用敏感抗生素治疗外，本类症群其他疾病使用常规抗生素均无效。抗真菌类药物对钱癣病有特效；螨净、双甲脒等对猪疥螨病有效。猪玫瑰糠疹无特效药物。

5）临床表征鉴别分析

本类症群中除猪口蹄疫、猪痘、猪玫瑰糠疹及猪圆环病毒病外，其他几类症疾病均有程度不等的痒感。猪口蹄疫以嘴唇、口腔、乳房、蹄叉及蹄枕与皮肤连接处出现水泡为特征；猪圆环病毒皮炎肾病综合征以躯干皮肤尤其背腰部皮肤出现似"青春痘"的颗粒状突起为特征；猪疥螨病以耳廓内有大量污垢类物质及全身渐行性痂皮、剧痒为特征；猪痘多在下腹部和四肢内侧、鼻镜、眼睑、面部皮肤皱褶等无毛或少毛部位出现痘疹，也有发生于身体两侧和背部的；典型的猪痘病灶初为深红色的硬结节，突出于皮肤表面，擦破痘疤后形成痂壳，导致皮肤增厚，呈皮革状。猪钱癣病的病变皮肤从腹部延伸至全身，为非对称性的圆形、多环形突起的小丘疹，最初似烟蒂灼烧印记；猪玫瑰糠疹多在腹部形成对称性的外观似大小不等的玫瑰花斑纹。猪感染光过敏症以阳光直射部位出现病变，未直射部位不出现病变为特征。

2. 重点疾病与其他症候群疾病鉴别剖析

1）猪疥螨与猪湿疹、钱癣病

患这三种疾病的病猪均出现中度至剧烈的痒感，临床易误诊。猪湿诊多发于长期生活在潮湿圈舍的猪群，常规抗生素、抗病毒、抗真菌、抗寄生虫药物均无效，且病猪耳郭一般无污垢样物质；猪钱癣病的病猪多生活在潮湿阴暗的圈舍，往往圈舍霉味较重，改变饲养环境和使用抗真菌药有效，且临床皮肤病变多从腹部开始出现烟蒂灼烧样印记；猪疥螨病与圈舍阴暗潮湿关联相对较小，但与发病前后连续的阴雨潮湿天气、猪群饲养密度等直接相关，且病初多发于耳郭，在耳郭内有污垢样物质，按耳郭、头颈部、躯干及全身皮肤磨损、脱落、黏附和结痂的顺序发展，使用螨净、双甲脒等有效。

2）猪口蹄疫与猪水疱病、猪水疱性口炎、猪水疱性疹

猪口蹄疫最易与猪水疱病、猪水疱性口炎、猪水疱性疹混淆。四种病均表现发病猪口腔黏膜、蹄与皮肤连接处出现水疱、破溃和行走困难等症状。

一般从易感动物特点、发病季节可对这几种疾病作初步鉴别诊断。猪水疱病和猪水疱性疹仅猪感染和发病，猪水疱性疹不感染初生乳鼠。口蹄疫仅偶蹄疫动物易感。猪水疱性口炎能感马、牛、羊、猪和人。

猪水疱病、猪口蹄疫多发于冬春寒冷季节；猪水疱性口炎多发于夏秋炎热季节。

四、猪皮肤及毛发损伤类症群防控原则及针对性防控措施

（一）猪皮肤及毛发损伤类症群防控原则

1. 强化管理，定期消毒

严格划分猪场功能分区，并按区管理；做好猪场的"四度一通风"，即温度、湿度、饲养密度、清洁度及圈舍通风。选择 2 或 3 种不同类型的消毒剂按消毒操作程序交替使用，严格彻底消毒。夏季做好猪舍降温及避免阳光直射工作。不用霉变垫料。

2. 加强重点疾病免疫和科学保健

对重点疾病如口蹄疫、猪圆环病毒病等设计免疫程序，定期对猪群进行免疫和抗体水平监测。易发上述疾病季节或日龄期间，给猪群尤其曾发生过上述疾病中的任一种的猪群饲喂增强非特异保护能力的中草药添加剂、益生菌剂或敏感药物，如扶正解毒散、枯草芽孢杆菌等。

（二）针对性防控措施

1. 本类症群可选药物

本类症群各疾病除皮肤出现相似或不同的病变外，致病因素也各不相同，其

针对性治疗的药物与措施也各异。猪渗出性皮炎使用青霉素类药物、林可霉素等有效；猪口蹄疫、猪圆环病毒病、猪痘需免疫接种或对特异血清抗体有特效；猪疥螨病对螨净、杀虫脒、双甲脒、皮蝇磷、马拉硫磷、二氯醚菊酯、戊酸氰菊酯和升华硫等敏感；猪钱癣病对抗真菌类药物如灰黄霉素、制霉菌素、克霉唑等有效。

2. 猪疥螨病、钱癣病、猪渗出性皮炎针对性防控措施

1）隔离和加强消毒

对发病猪采取单独饲养的隔离制度，同时对发病猪所在圈舍或产床加强清洁和消毒。

2）内外结合，同时用药

对发病猪或隔离饲养的病猪，在初步鉴别诊断基础上，选择敏感药物通过体表喷洒、涂抹及拌料饲喂、肌肉注射同时治疗。

第六章　猪神经紊乱类症群鉴别诊断

一、类 症 概 述

猪神经紊乱类症群是指由病原因素、非病原因素引起各年龄猪只神经紊乱，表现为发病猪只盲目转圈、头顶圈舍、无端尖叫及两耳斜歪等临床表征的一类疾病。病原性因素包括病毒性和细菌性疾病，主要有猪水肿病、猪伪狂犬病、猪李氏杆菌病、猪破伤风病等。非病原因素主要有维生素 A 缺乏等。

二、类 症 识 别

（一）猪水肿病（swine edema disease）

猪水肿病是由溶血性大肠杆菌引起的断奶仔猪一种急性、散发性、致死性肠毒血症。其特征是胃壁和其他某些部位发生水肿，发病率不高，但病死率较高，可达 90% 以上。

1. 病原及敏感药物

病原为溶血性大肠杆菌，血清型主要是 O_{139}：K_{82}、O_2：K_{88}、O_8、O_{138}、O_{141} 等。革兰氏染色阴性。氨基糖苷类药物（如庆大霉素、卡那霉素等）、喹诺酮类药物（如恩诺沙星等）等对本病原敏感。

2. 流行及发病特点

本病常见于生长快、肥胖、体格健壮的刚断奶仔猪，肥育猪或 10 日龄以下的仔猪很少见，发生过仔猪黄痢的仔猪一般不发生本病。带菌母猪和感染仔猪是主要传染源，通过消化道的接触传播是其主要扩大传染的方式。本病多呈地方流行，且多发于春、秋两季。本病的发生与猪群饲养密度、转群或换料、气候异常、运输等应激因素密切相关，也与配合饲料 pH 过高有关。本病发病一般局限于个别猪群中，较少造成广泛传播。

3. 临床症状

本病临床一般具有最急性型和亚急性型两种。

1）最急性型

最急性型一般突然发病，卧地不起，多数见不到症状就死亡，有的兴奋、尖叫、行走不稳，很快倒地，四肢呈游泳状划动，触动时表现敏感，有角弓反射并作嘶哑的鸣叫，数小时内死亡。此型病例往往来不及治疗或治疗效果较差而死亡，往往误诊为中毒。

2）亚急性型

此型常见，典型的临床症状是神经症状和体表某些部位出现水肿。神经症状表现盲目行走或转圈，四肢运动障碍，行走不稳，步态蹒跚。有的两前肢直立和跪地、爬行，后躯麻痹时则不能站立，卧地不起。共济失调，躺卧一侧，口吐白沫，肌肉震颤，四肢划动呈游泳状。触动时表现敏感，叫声嘶哑或发出呻吟。水肿最常见于眼睑、结膜，有时波及颜面、颈部、头部和腹股沟部皮下。

4. 剖检病变

急性病例常未见任何症状即突然猝死，尸体营养良好。头顶部、下颌间隙、颈部、前肢下部内侧皮下炎性水肿，其病变为皮下积留灰白色凉粉样水肿液或透明胶冻样浸润物，水肿部皮肤青紫。

全身淋巴结水肿、充血、出血，急性浆液性出血性淋巴结炎，淋巴结肿胀，色如红枣，切面多汁，有时有出血，以肠系膜淋巴结、颌下淋巴结出血严重。

特征性的病理变化是胃壁尤其胃大弯和贲门水肿最显著，厚度达4cm，水肿切面流出无色渗出液。结肠系膜、直肠壁明显水肿，呈白色透明胶浆状。

心包、胸腹腔有较多的淡黄积液，心冠脂肪针尖状出血，心肌变性与出血。脑膜程度不等的变性、水肿、出血、充血，呈非化脓性脑炎变化。

剖检病变如图6-1～图6-4所示。

图6-1 仔猪水肿病 上下眼睑水肿

图6-2　仔猪水肿病　腹底壁水肿

图6-3　仔猪水肿病　胃大弯水肿明显

图6-4　仔猪水肿病　肠系膜尤其结肠圆锥水肿明显

（二）猪伪狂犬病（Porcine pseudorabies disease）

猪伪狂犬病是由伪狂犬病病毒引起的猪与其他动物共患的一种急性传染病，成年猪呈隐性感染，或有上呼吸道他症状。妊娠母猪发生流产、产死胎及呼吸系统症状，无奇痒症状。哺乳仔猪表现神经症状和败血症状，最后死亡。近年来，因该病感染妊娠母猪而引起的繁殖障碍的病例报道较多，将此病归为猪的繁殖障碍类症。

1. 病原及药物敏感性

猪伪狂犬病的病原为疱疹病毒科猪疱疹病毒属的伪狂犬病病毒。该病毒仅有一个血清型，对外界环境及各种因素的抵抗力较强。对乙醚、氯仿等脂溶剂、氢氧化钠、福尔马林和紫外线照射敏感。无特效药，疫苗免疫是主要防控手段。

2. 流行及发病特点

接触与垂直传播是该病毒的主要传播方式，其中通过空气传播则是该病毒最主要的扩散方式。病猪、带毒猪及其他带毒动物是主要传染源。猪伪狂犬病具有较明显的季节性，多发生于冬、春寒冷季节。本病引起的发病及死亡率与仔猪日龄密切联系，哺乳仔猪日龄越小，发病率和病死率越高。忽视种公猪和种母猪同时进行猪伪狂犬病毒疫苗的免疫是各规模猪场呈局部流行或散发流行本病的主要因素之一。

3. 临床症状

不同年龄阶段的猪只感染猪伪狂犬病毒后症状差异较大，没有奇痒症状。

新生仔猪出生后36h即可突然发病，出现呕吐或腹泻，兴奋不安，震颤，痉挛，角弓反张，运动失调，病死率为100%。

1周龄以内病仔猪，病情严重，精神萎靡不振，不食，体温升至41℃以上，10～12h降温，眼睑充血肿胀，瞳孔扩大，眼球上翻，有特征性的神经症状；后期兴奋、震颤，不停地前冲、后退，4～5h发展为向一侧性转圈运动，继而出现肌肉痉挛，四肢麻痹，伏卧，多以鼻端着地，或四肢做游泳状，最后死亡。

3～4周龄病猪主要症状同上，病程略长，多便秘，病死率可达40%～60%。

2月龄的病猪，症状轻微或隐性感染，表现为发热、咳嗽、便秘，有的病猪呕吐，多在3～4d恢复。如出现体温继续升高，病猪又出现神经症状，震颤、共济失调，头向上抬，背拱起，倒地后四肢痉挛，间歇性发作。

怀孕母猪表现为咳嗽、发热、精神不振。随后发生流产，产木乃伊胎、死胎和弱仔猪，这些弱仔猪多在1～2d内出现呕吐和腹泻，运动失调，痉挛，角弓反张，通常在24～36h内死亡。流产率可达50%。

成年猪一般呈隐性感染，有时可表现上呼吸道卡他性炎症症状。

4. 剖检病变

病猪解剖可见非化脓性脑膜脊髓炎、脑脊髓炎和神经节神经炎，脑膜充血，如有神经症状，脑膜明显充血、出血和水肿，脑脊髓液增多。皮肤和皮下有不同程度的炎症、水肿或坏死。淋巴结充血、出血、肿大，扁桃体有炎症、水肿，并有分散白色坏死点。气管有大量泡沫状液体、肺脏水肿、间质性肺炎。胃黏膜有卡他性炎症、胃底黏膜出血点。肠道有卡他性炎症，其他内脏有不同程度的充血、出血现象。流产胎儿的脑和臀部皮肤有出血点，肝脏、脾脏、淋巴结及胎盘绒毛膜出现凝固性坏死。

剖检病变如图 6-5 ～图 6-6 所示。

图 6-5　猪伪狂犬病　死前呈角弓反张　　　　图 6-6　猪伪狂犬病　肝脏有白色或
　　　　　　　　　　　　　　　　　　　　　　　　　　　　灰白色灶死灶

（三）猪李氏杆菌病（porcine Listeriosis disease）

李氏杆菌病是由单核细胞增多性李氏杆菌引起的畜、禽、啮齿动物和人的一种散发性传染病。家畜和人患该病后主要表现为脑膜炎、败血症和妊畜流产；家禽和啮齿动物则表现为坏死性肝炎和心肌炎。此外，还能引起单核细胞增多。

1. 病原及敏感药物

病原为李氏杆菌，革兰氏染色阳性。本菌的菌体抗原及鞭毛抗原不同，可将其分为 7 个血清型和 12 个亚型，抗原结构和毒力无关。本菌生存能力较强，可在低温下生长，一般消毒药可使其灭活。青霉素类、头孢类、土霉素类、磺胺类药物及链霉素等对本菌敏感。

2. 流行及发病特点

本病原菌能感染多种动物，仔猪易感性大于成年猪。病猪及带菌猪是主要的传染源。消化道是主要传播途径。本病一般呈散发，多发于冬季或早春。

3. 临床症状

猪李氏杆菌根据临床表征分为败血型、脑膜炎型及混合型。

1）败血型

仔猪多发，体温显著升高（40℃以上），精神高度沉郁，食欲减少或废绝，口渴。全身有程度不等的衰弱、僵硬、咳嗽、腹泻、皮疹、呼吸困难、耳部、腹部皮肤发绀，病程为 1 ～ 3d。孕猪常发生流产。

2）脑膜炎型

多发于断奶前后的仔猪，也见于哺乳仔猪。病初有轻热，至后期下降，为 36 ～ 38℃。病初意识障碍，活动失常，做圆圈运动或无目的行走，或不自主后退，或低头抵地，有的头颈后仰，前肢或后肢开张，呈典型的观星姿势。肌肉震颤、强硬，颈部和颊部更为明显。有的表现阵发性痉挛、口吐白沫、侧卧、四肢游泳动作。有的病初两前肢或四肢麻痹，不能起立，也有单侧面神经麻痹。一般 1 ～ 4d 死亡，长的可达 7 ～ 9d。

较大的猪身体摇晃、共济失调、步态强拘。有的后肢麻痹、不能起立、拖地而行，猪体各部常有脓肿，病程可达 1 个月以上。

3）混合型

多发于哺乳仔猪，常突然发病，初体温为 41 ～ 42℃，中后期体温降至常温以下。哺乳减少或不吃，粪尿少，多数病猪表现脑膜炎症状。

4. 病理变化

败血型猪李氏杆菌主要特征病变是局灶性肝脏坏死，脾脏、淋巴结、肺脏、肾上腺、心肌、胃肠道、脑组织也发现较小的坏死灶。

脑膜脑炎型病死猪脑膜和脑实质充血、发炎、水肿，脑脊液增加，稍浑浊，脑桥、延脑、脊髓变软，有小的化脓灶。流产母猪可见子宫内膜出血，以至广泛坏死，胎盘子叶常见出血和坏死。

（四）猪破伤风（swine tetanus disease）

破伤风又名强直症，俗称"锁口风""脐带风"，是由产生毒素的破伤风梭菌引起的一种人畜共患的急性、创伤性、中毒性传染病。以发病猪出现骨骼肌持续性痉挛和对刺激反射兴奋性增高为主要临床特征。猪破伤风常见于阉割、外伤和脐带传染之后。

1. 病原及敏感药物

病原为破伤风梭菌（又名强直梭菌），革兰氏染色阳性。破伤风梭菌可产生痉挛毒素、溶血毒素及非痉挛毒素三种。本菌繁殖体抵抗力不强，芽孢抵抗力极强。本菌对青霉素、磺胺类药物敏感。特效药为破伤风抗毒素。

2. 流行及发病特点

本病呈散发。各年龄猪只均可感染，但只针对组织器官有创口或外伤史如阉割、断脐等的猪只，健康猪不感染本病。病猪是主要传染源。借开放性创口感染是本病菌的主要传播途径。

3. 临床症状

潜伏期为 1～2 周，最短 1d，最长数个月。病猪四肢僵直，尾不活动，瞬膜露出，咬肌紧缩，牙关闭锁，张口困难，两耳后竖。流涎重者发生全身性痉挛及角弓反张、呼吸浅快、心跳极速，对声、光和其他刺激敏感并使症状加重。病程发展快、病死率高。

4. 病理变化

病猪死亡后，无特殊病理变化，仅浆膜、黏膜和脊髓有出血点，四肢和躯干间结缔组织有浆液浸润，窒息死亡时，血液呈黑色，凝固不良，肺脏充血和水肿，也会出现吸入性肺炎。

三、猪神经紊乱类症群鉴别诊断剖析

1. 猪神经紊乱类症群鉴别剖析

1）从发病特点分析

猪破伤风病的发生必须有外源性创伤史，各阶段猪群均能发生；水肿病多发于刚断乳的仔猪，尤其体格健壮仔猪易感；猪伪狂犬病、李氏杆菌病无明显的发病对象，但两个病对仔猪的危害和易感性均大于生长育肥猪及种公猪、种母猪。

2）临床表征鉴别分析

患猪破伤风的病猪全身骨骼肌强直性痉挛，尤其头部咬肌最为明显，呈四肢僵直、牙关紧闭，故又名"锁口风"；仔猪水肿病以眼及颜面部不同程度的水肿、转圈、头顶墙、无意识后退等神经症状为其典型临床表征；猪李氏杆菌病除有神经症状外，全身皮肤会出现程度不等的发绀，外观有暗红色的瘀斑，本类症群的其他三种疾病一般不出现该症状；猪伪狂犬病的病猪除有神经症状、呕吐症状外，感染仔猪一般排红黄色、似菜花样的稀粪，且有斜耳、八字脚等表征，猪水肿病、破伤风、李氏杆菌病猪一般无斜耳和八字脚等表征，破伤风、李氏杆菌病一般无呕吐症状。

3）特征性的剖解病变鉴别分析

感染伪狂犬病毒的病死猪其实质脏器尤其肝脏、肾脏表现一般均有数量不等的白色坏死灶，是区别本类症群其他三种疾病的典型剖解特征之一；猪水肿病以颜面部皮下水肿、胃壁尤其胃大弯和贲门显著水肿为其特征。猪李氏杆菌以局灶性肝脏坏死及其他脏器程度不等的坏死、脑及脊髓变软有化脓灶为其特征。

4）用药疗效鉴别分析

本类症群中除猪伪狂犬病外，均可选择敏感抗生素控制疾病的发展和死亡。猪伪狂犬病病毒特异性抗体对猪伪狂犬病有特效。

2. 重点疾病与其他类症鉴别剖析

1）土霉素中毒

本病临床表征与破伤风类似，中毒时全身肌肉震颤、四肢站立如木马、腹式呼吸、口吐白沫等。不同处：因过量注射土霉素发病，注射后几分钟即出现烦躁不安，还有结膜潮红、瞳孔散大、反射消失等现象。但本病不具备外伤史，且与破伤风的"锁口疯"牙关紧闭相区别。

2）猪传染性脑脊髓炎（捷申病）

废食，肌肉阵发性痉挛，四肢僵硬，角弓反张，小声响动也能激起大声尖叫等。不同处：体温高（40～41℃），有呕吐，惊厥持续24～36h，进一步发展知觉麻痹，卧地四肢做游泳动作，皮肤反射减少或消失。将病料于脑内接种易感小猪，接种猪出现特征性症状和中枢神经系统典型病变。

四、猪神经紊乱类症群防控原则及针对性防控措施

1. 猪神经紊乱类症群防控原则

1）加强重点疫病的疫苗免疫，定期监测重点疫病抗体水平

对易导致神经紊乱及繁殖障碍的猪伪狂犬病，将其作为繁殖猪群必免疫苗设计免疫程序；定期监测其抗体水平，及时修正免疫程序和补免。

2）采取全价颗粒饲料饲养

全群采取正规公司的全价颗粒饲料饲喂各阶段仔猪，保证充足营养。

3）提高饲养管理水平，定期科学消毒

做好猪场的"四度一通风"工作，即保证猪场各圈舍温度、湿度、饲养密度和通风，同时选择2或3种消毒药交替应用，按清洁，干燥，消毒，通风等程序对猪场各圈舍、通道、死角等进行消毒。

2. 针对性防控措施

本群除猪伪狂犬病外，其他三种疾病均以散发为主，针对性防控是本类症群的主要防控手段。

1）仔猪水肿病

喹诺酮类药物如沙星类，氨基糖苷类药物如卡那霉素、庆大霉素等，广谱抗生素如四环素类、磺胺类药物，结合水肿病抗毒素疗效明显。

2）猪破伤风病及猪李氏杆菌病

青霉素类药品，林可霉素类药物，头孢类药物，大环内酯类药物如替米考星、泰乐菌素等，杆菌肽，以及广谱类药物如氟苯尼考、磺胺类药物等均为猪破伤风及李氏杆菌病的可选且有效的药物。另外，猪破伤风抗毒素为猪破伤风病的特效药。

第七章 猪营养缺乏及代谢紊乱类症群鉴别诊断

一、类症概述

由于采取不同的饲养方式、疾病等原因，导致各阶段猪只某种营养元素欠缺或机体某些重要器官发生代谢障碍，进一步导致发病猪表现消瘦、料肉比增加、肌肉泛白、皮肤泛黄、关节变形等系列症状的一类症候群。临床上主要有仔猪低血糖病、猪缺铁性贫血病、猪白肌病、猪佝偻病、猪黄脂病等。本书重点阐述前三者。

二、类症识别

（一）仔猪低血糖病（hypoglycemia of piglet）

仔猪低血糖病又称乳猪病或憔悴猪病，是仔猪出生后最初几天内因饥饿致使体内贮备的糖原耗竭而引起的一种营养代谢病。本病的特征是血糖显著降低、血液非蛋白氮含量明显增多。临床上以神经症状为特征，呈现迟钝、虚弱、惊厥、昏迷等症状，最后死亡。该病多发生于 1 周龄以内的小猪，同窝仔猪常有 30% ～ 70% 发病，死亡率占仔猪总数的 25%，或全窝死亡。

1. 病因

仔猪因病不能吸收乳汁、不能吃乳或吃乳量降低、母猪各种原因导致的无乳等因素最终使仔猪摄入初乳量不足；仔猪先天性糖原不足或缺乏糖异生作用的酶；低温、寒冷或空气湿度过高使机体受寒等，均使初生仔猪机体血糖浓度不能维持正常水平。

2. 流行及发病特点

本病多呈散发，多发生于冬春气温较低季节及泌乳量少或无乳的母猪；营养不良的临产母猪所产仔猪也易发本病。本病无传染性，但具有窝次性，多出现同窝仔猪的大部分仔猪同时发病。

3. 临床症状

仔猪缺乏活力，精神沉郁，吮乳停止，单独睡，肌肉震颤，走动时四肢颤抖、蹒跚，叫声低弱，盲目游走，皮肤凉，皮肤、黏膜苍白，颈下、胸腹下及四肢等处浮肿。体温较低，常在37℃左右，可降至36℃左右，个别可达41℃。对外界刺激无反应，站立时头低垂触地（俗称"5条腿"），心跳慢而弱，随后卧地不起，最后惊厥，磨牙空嚼、口吐白沫，痉挛抽搐，游泳动作，角弓反张，眼球震颤，对光反应消失，感觉机能减退，被毛蓬乱，后期昏迷不醒，意识丧失，很快死亡，病程不超过36h。血检时，血糖极度降低，从90～130mg降至5～15mg。

4. 病理变化

体下侧、颌下、颈下、胸腹下水肿，消化道无消化物。肝脏变化特殊，呈橘黄色，边缘锐利，质地像豆腐，稍碰即破，肝脏断面流出血液后，肝脏呈淡黄色。胆囊膨满，内充满淡黄色半透明胆汁。脾脏呈樱桃红色，切面平整不流出血液。肾脏呈淡土黄色，表面常有针尖大出血点，肾髓质暗红与皮质分界清楚。肾盂、输尿管有白色沉淀物。膀胱有小点出血。

（二）仔猪缺铁性贫血病（nutritional anemia of piglet）

仔猪缺铁性贫血又称仔猪营养性贫血指15～30日龄哺乳仔猪缺铁所发生的一种营养性贫血，多发生于寒冷的冬末、秋、早春季节的舍饲仔猪，特别是猪舍以木板或水泥为地面而不采取补铁措施的集约化养猪场，本病在一定地区有群发，给养猪业造成严重的经济损失。本病同仔猪下痢、仔猪肺炎合称为仔猪的三大疾病。

1. 发病因素及机理

仔猪体内铁的贮存量低而需要量大，但外源供应量又少，所以仔猪体内严重缺铁，而体内绝大部分（80%）铁用于合成血红蛋白。仔猪出生后，血液中血红蛋白逐渐下降，至8～10d时仅有4～5g/100mL血液（正常血红蛋白的含量为

8～12g/100mL 血液），这是由于仔猪出生后由胚胎期的肝脾造血转为骨髓造血，这种过渡将引起一种贫血性状态，称为生理性贫血。同时由于哺乳仔猪生长发育迅速，每天需铁 7～15mg，而仔猪在出生时，体内铁的贮备量极低（约 5mg），极易耗竭。而此期间仔猪若生长在以水泥木板为地面的猪舍内不能与土壤接触，失去外源性铁的摄取，同时又不采取人工补铁措施，仅靠哺乳获取铁远远不够，因乳汁中含铁微少。加上仔猪出生后一周胃液内缺乏盐酸，一个月后才可趋于常态，获得的铁就更少。这就影响仔猪体内血红蛋白的生成，红细胞的数量减少，发生缺铁性贫血。另外，母猪及仔猪饲料中缺乏钴、铜、蛋白质等也可发生贫血。缺铁和缺铜的区别在于缺铁时血红蛋白含量降低，而缺铜时红细胞数减少。贫血猪的抵抗力很弱，容易发生继发性感染。

2. 流行及发病特点

本病无传染性，呈散发性流行。发病对象较明显，多发生于 15～30 日龄仔猪。发病无明显的季节性，一年四季均可发生。

3. 临床症状

精神沉郁，食欲减退，离群伏卧，营养不良，被毛粗乱，体温不高，突出症状是可视黏膜呈淡蔷薇色、轻度黄染。重症病例黏膜苍白如白瓷，光照耳壳灰白色，几乎看不到明显的血管，针刺也很少出血，呼吸脉搏均增加，心区听诊可听到贫血性杂音，稍加活动则心悸亢进，喘息不止。有的仔猪外观肥胖，生长发育也比较快，却在奔跑中突然死亡，剖检见典型贫血变化，有的仔猪外观消瘦，食欲不振，便秘下痢交替出现，异嗜，衰竭。

4. 病理变化

皮肤及可视黏膜苍白，有时轻度黄染，肝脏有脂肪变性且肿大，呈淡灰色，有时有出血点，血液稀薄、凝固不良。肌肉色淡，特别是臀肌和心肌。脾脏肿大、色浅、质地稍坚实，心脏扩张，肾实质变性，肺脏发生水肿，肠胃有灶性病变。病程长的病例多消瘦，胸腹腔积有浆性液及纤维蛋白性液体。

（三）猪白肌病（porcine myopathy）

猪白肌病是仔猪因长期缺乏硒及维生素 E 等营养元素而发生的一种急性非传

染性疾病，仔猪以骨骼肌和心肌发生变性、坏死为主要特征的营养代谢病。主要发生于 20 日龄以后的小猪，成年猪少发，常突然发病和死亡。

1. 病因

由饲料中缺乏微量元素和维生素 E 所致，特别是维生素 E 和硒的缺乏。因此，饲料单一、缺乏青绿多汁饲料的猪场有本病的发生。

2. 流行及发病特点

发病猪多为 20 日龄至 3 月龄仔猪，多于 3 ～ 4 月发病，常呈地方性发生，缺硒地区易发本病。采取全价配合饲料进行饲养的猪场较少发生此病，但人为因素导致缺硒或维生素 E 而引起本病在规模猪场屡有报道，多由畜主或饲养人员添加过量的各种添加剂导致仔猪对硒或维生素 E 吸收力或利用率降低的结果，需引起重视。

3. 临床症状

急性型病例的病猪往往没有任何症状而突然倒地鸣叫几声死亡；有的呈现兴奋不安、心跳增速、节律不齐、呼吸困难，往往流出含泡沫或带血色的鼻液，经 10 ～ 30min 而死亡。亚急性型病程一般在 3 ～ 8d，个别病猪可持续 1 个多月。病猪初期精神不振，呼吸困难，猪体迅速衰退，喜卧，站立时弓背，肌肉震颤，特别是后肢明显，强迫行走，背腰发硬，左右摇晃，步幅短而呈痛苦状，有时两前肢跪地移动。体温无异常变化。后期臀部肌肉隆起，触之感觉肌肉发硬，站立困难，常呈前腿跪立或犬坐姿势，心跳增速，节律不齐，呼吸加快，体温一般正常，最后由于心脏衰竭而死亡。

4. 病理变化

腰、背、臀等肌肉变性，色淡，似煮肉样（此种灰红色的熟肉样变化，时常是对称性的，常发现在四肢、背部、臀部等肌肉，此类病变也见于膈肌），故名白肌病。特别是咬肌、背最长肌、胸肌及四肢肌肉出现连片或局灶性坏死，肌肉松弛、颜色变淡、呈灰白色条状。左心室扩张，心室壁变薄，心内膜上有淡灰色或淡白色斑点，心肌明显坏死，心脏容量增大，心机松软。有时右心室肌肉萎缩，外观呈桑葚状。心外膜和心内膜有斑点状出血。肝脏瘀血、充血肿大，质脆易碎，边缘钝圆，呈淡褐色或淡灰黄色或黏土色；肝脏断面呈豆腐渣样病变是其典型特征之一。

三、猪营养缺乏及代谢紊乱类症群鉴别诊断剖析

1. 猪营养缺乏及代谢紊乱类症群鉴别剖析

1）从发病日龄及发病特点鉴别分析

仔猪低血糖病多发于刚出生不久尤其出生后一周内的哺乳仔猪；仔猪缺铁性贫血多发生于15～30日龄仔猪；猪白肌病以20日龄至3月龄的仔猪多发。另外，这三种疾病均无传染性，但仔猪低血糖病多发于冬春寒冷季节，无乳母猪或泌乳量偏少的母猪其所产仔猪多发生低血糖病，且多具有窝次性，即若某一头母猪无乳或泌乳量不足，饲养管理人员又没有采取其他辅助手段，该窝仔猪的大部分会出现低血糖症状；仔猪缺铁性贫血多与水泥地面饲养、仔猪无补铁保健程序、仔猪未摄入含铁量较多的食物有关。猪白肌病多发于未采取全价饲料饲养且缺硒地区的散养或集约化猪群，多呈散发或地方性。

2）用药疗效鉴别分析

葡萄糖为仔猪低血糖病的特效药物，口服或静脉滴注均可；仔猪缺铁性贫血的有效治疗药物为铁制剂如牲血素、右旋糖苷铁；猪白肌病的治疗或保健药物、添加剂为亚硒酸钠维生素E、维生素E。

3）临床表征鉴别分析

仔猪低血糖病以体温低、神经症状、震颤嗜睡为其特征；仔猪缺铁性贫血以全身皮肤苍白、可视黏膜淡蔷薇色或苍白色，发育迟缓及精神沉郁为其特征；猪白肌病以体温升高、明显弓背及全身皮肤出现程度不等的发绀等为主要临床表征。

4）特征性的剖解病变鉴别分析

仔猪低血糖病以血糖低至0.9～1.3mg/mL以下，肌肉呈红木棕色，胃空虚，肝脏呈橘黄色、边缘锐利，胆囊半透明，胆汁稀薄为特征；猪缺铁性贫血以血液稀薄，全身轻度或中度水肿，肝脏及肾脏有程度不等的黄染，肌肉呈苍白色，心肌松弛为特征；猪白肌病以腰、背、臀等部位肌肉呈煮熟肉样色泽，心肌扩张松弛有白色坏死条纹，肝脏呈豆腐渣外观为其特征。

2. 重点疾病与其他症候群疾病鉴别剖析

仔猪缺铁性贫血病除易与仔猪低血糖病、猪白肌病混淆误诊外，还与仔猪白

痢病、仔猪溶血病相似。仔猪白痢病与本病区别在于有传染性和排明显的乳白或灰白色糊状、浆液状且腥臭味特明显的稀粪；剖检可见胃和小肠充血、出血，胃有少量凝乳块，肠有大量气体和少量黄白色或灰白色酸臭的粪便。小肠内容物分离出大肠杆菌，用血清学方法可鉴定血清型。本病与仔猪溶血病不同之处在于一般出生时很好，吃奶后24h内发病，尿呈红色，1～2d死亡，而仔猪缺铁性贫血多发生于15～30日龄仔猪。

四、猪营养缺乏及代谢紊乱类症群防控原则与针对性防控措施

本类症群疾病均属于猪机体缺乏必要的营养成分而出现的系列临床症状，因所缺营养因素不同，在综合防控前提下，其针对性治疗措施略有不同。

1. 猪营养缺乏及代谢紊乱类症群防控方案

1）全场实行全价颗粒饲料饲养方式

针对种母猪、种公猪、仔猪群、生长发育猪群、育肥猪群，均购买正规的饲料生产企业生产的饲料进行饲喂。

2）执行严格的科学保健方案

针对初生仔猪至断乳前仔猪易发疾病制定科学有效的保健方案，如3日龄补铁。缺硒地区且以前曾发生过白肌病的猪场于断乳前在饲料中添加亚硒酸钠维E等添加剂，将有助于降低本群疾病的发生概率。

3）全群防控、分群治疗原则

若发生本类症群其中疾病之一，即刻对全猪场进行巡场，了解全猪场其他圈舍相同日龄猪群的表征，根据表征情况进行分群治疗与全群防控。若全猪场相同日龄猪群都出现程度不等的相似表征，需采取全群防控；若仅个别圈舍的个别猪只或个别母猪所产同窝仔猪发病，可只按照分群单个病例进行治疗即可。

2. 针对性防控措施

1）敏感药物

仔猪低血糖病可口服或静脉注射葡萄糖，其中口服可以使用针剂或口服剂，静脉注射仅能使用注射剂；常见葡萄糖分等渗和高渗两种类型，常选择等渗葡萄糖注射液。猪缺铁性贫血时可直接给发病猪只注射右旋糖苷铁；患白肌病的病猪可注射亚硒酸钠维E或添加亚硒酸钠维E于饲料中让具有食欲的疑似

健康猪群采食。

2）提高圈舍饲养管理水平

做好圈舍的保温与通风工作，尤其注意保温，需在寒冷季节保证圈舍的温度不低于25℃，保温箱与圈舍内的温差原则上不超过10℃。

第八章　猪常见中毒性类症群鉴别诊断

一、类 症 概 述

在规模猪场或散养农户的养猪生产环节中，因饲料加工不慎、保存不当、某些原料添加过量、误食有毒物质或变质食材等导致被采食猪只出现神经紊乱、呼吸困难、快速或慢性死亡、繁殖障碍、生产性能下降等系列表征的症候群。临床生产实践中，共有40多种猪中毒性疾病，其中猪常发生的中毒病有霉饲料中毒（黄曲霉和赤霉烯酮中毒）、酒糟中毒、食盐中毒等，对本病的误诊及延迟治疗往往导致发病猪以死亡告终，严重影响猪场的养殖效益。

二、类 症 识 别

（一）猪霉饲料中毒（swine mycotoxin poisoning from feedstuff disease）

猪采食了大量发霉变质的饲料而引起的以生产性能和采食量降低、食欲废绝、神经症状、妊娠母猪流产、不孕、返情等繁殖障碍表征的一类疾病。

1. 病因

本病的发病因素为黄曲霉毒素、镰刀菌毒素和赤霉菌毒素等，是猪采食了大量发霉变质的饲料或饲料原材料，如发霉变质的玉米、小麦、大麦、糠麸及豆渣等，其中的黄曲霉菌、镰刀菌、赤霉菌所产毒素能导致猪只脏器损伤。无特效药物，停止饲喂发霉饲料或饲料原材料及增加发病猪只机体解毒是本病的主要防控原则。

2. 流行与发病特点

仔猪和妊娠母猪对霉饲料中毒最为敏感。无传染性，但发病具有饲料或饲料原材料的批次性，即发病的猪群往往饲喂同一批次的饲料或相同饲料。多发生于潮湿闷热的季节或梅雨季节及无专用饲料库房的猪场。

3.临床症状与剖解病变

中毒仔猪常呈急性发作，神经症状，几天内死亡。大猪病程较长，一般体温正常，初期食欲减退，精神沉郁，消瘦，嘴、耳、四肢内侧和腹侧皮肤出现暗红色瘀斑，后期停食、腹痛、下痢、被毛粗乱、迅速消瘦、生长迟缓等。妊娠母猪常流产、产死胎、返情或空怀；公猪可发生包皮炎、阴茎肿胀等；小母猪易出现阴户红肿的假发情等症状。

病变部位主要在胃肠和肝脏。肝脏严重变性、坏死、肿大、色黄、质脆，间质明显增生；全身黏膜、皮下、肌肉可见出血点和出血斑；淋巴结水肿，肾脏弥漫性出血、质地脆弱、色淡呈土黄色。肺脏瘀血水肿、间质增宽、有霉菌结节。

临床症状与剖解病变如图8-1～图8-6所示。

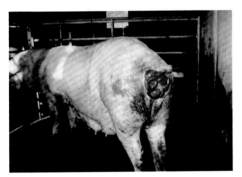

图8-1　猪霉菌饲料慢性中毒病　母猪直肠脱出

图8-2　猪霉菌毒素中毒　怀孕母猪流产

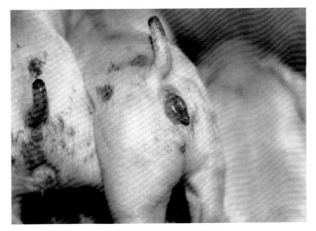

图8-3　猪霉菌毒素慢性中毒　小母猪假发情，阴户红肿

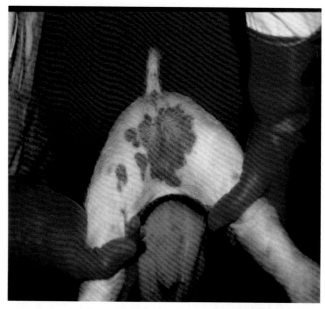

图 8-4　猪霉菌毒素慢性中毒　臀部皮肤出现皮疹

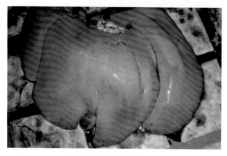

图 8-5　猪霉菌毒素中毒　病死猪肝脏
呈棕黄色，质地较硬，似橡皮（一）

图 8-6　猪霉菌毒素中毒　病死猪肝脏
呈棕黄色，质地较硬，似橡皮（二）

（二）猪酒糟中毒（swine lees poisoning disease）

　　猪一次性采食大量酒糟或发霉变质酒糟而引起采食猪只出现主要以消化器官功能损伤及对应症状、神经系统损伤及对应症状的一种中毒性疾病。在使用酒糟代替其他食材或饲料给猪群饲喂的猪场易出现。急性中毒病猪较难抢救，亚急性及慢性中毒病猪通过辅助治疗手段能痊愈。

1. 病因

　　酒糟中的残存酒精、龙葵素（马铃薯酒糟）、翁家酮（甘薯酒糟）、麦角毒素、麦角胺（谷类酒糟）以及多种真菌毒素（霉败原料酒糟）等，以及贮存酒糟在前述毒素因子基础上还包括酒糟酸败产生的醋酸、乳酸、酪酸等游离的有机酸；酒糟变质形成的正丙醇、异丁醇、异戊醇等杂醇油。

2. 流行与发病特点

本病不具有流行性，但发病具有群体性或酒糟饲喂的批次性，即发病时一般是所有发病猪群均有酒糟饲喂史，急性发作猪群多为采食同一批酒糟的猪群。无明显的季节性，但多发于温暖潮湿的季节，如夏秋炎热季节且酒糟贮存较长时间再用于猪群，极易发生该中毒病。

3. 临床症状与剖检病变

病初精神沉郁，食欲减退，粪便干燥，后下痢，体温升高并有不同程度的腹痛，呼吸急促，心跳加速。随后患猪兴奋不安，狂暴，行走不稳，易跌倒，食欲废绝，逐渐失去知觉，卧地不起，四肢麻痹，出现皮疹，最后由于呼吸中枢麻痹而死亡。妊娠母猪会出现流产或早产。

剖检主要表现胃肠黏膜充血、出血，小肠和结肠纤维素性炎症，直肠出血、水肿、肠系膜淋巴结充血，心内膜出血，肺脏充血、水肿，肝脏和肾脏肿胀、质地变脆。急性病例，胆囊黏膜下层严重水肿。

（三）猪食盐中毒病（swine salt poisonhs disease）

猪食盐中毒病是饲喂猪群过程中人为性添加过多含盐分的饲料或食材（如泔水、酱渣、酱油渣等）、猪群误食含盐分过多的食物且饮水缺乏下引起发病猪群以神经症状和急性死亡为主要临床表征的一种中毒性疾病。

1. 病因

病因包括饲料中添加食盐过多、人为性让猪摄入过多含高盐分的食材（如泔水、酱渣、酱油渣、咸菜水）或猪群误食含盐分较高的食材等，在缺乏足够饮水条件下导致病猪机体患高血钠症及颅内水肿。

2. 流行及发病特点

本病无流行性，呈散发性发生。多见于有盐分浓度较高的食材如酱渣、酱油渣、泔水等作为替代饲料饲喂猪群的猪场。另外，本病发生具有食材的批次性和群体性，即多为饲喂同一批食材后一定时间内凡是采食该批食材的猪只依次或同时出现症状，以体重食欲旺盛的猪只出现症状相对较早为特征。

3. 临床症状及剖检病变

病初，病猪呈现食欲降低或废绝，精神沉郁，黏膜潮红，便秘或下痢，口渴或皮肤瘙痒等前期症状，继之出现呕吐和明显的神经症状，病猪表现兴奋不安，频频点头，张口咬牙，口吐白沫，四肢痉挛，肌肉震颤，来回转圈或前冲后退，听觉和视觉障碍，刺激无反应，不避障碍物，猛顶墙壁，体温在正常范围之内。重症病例出现癫痫样痉挛，每隔一定时间发作一次，发作时依次出现鼻血抽搐或扭曲，头颈高抬或向一侧歪斜，脊柱上变或侧变，呈角弓反张或侧弓反张姿势以致整个身体后退而成犬坐姿势，甚至仰翻倒地，四肢做游泳状划动，心跳加速，达 140～200 次/min，呼吸困难，最后四肢麻痹，卧地不起，瞳孔散大，昏迷死亡，病程很短，通常仅 1～4h。体温在 36℃以下病猪，预后不良。

胃、肠黏膜充血或出血，以胃底部黏膜最严重，有的胃黏膜可见溃疡，实质器官充血或出血，肝脏肿大、质脆，肠系膜淋巴结充血、出血，心内膜有小出血点。脑脊髓有程度不等的出血、水肿，急性病例的脑软膜和大脑实质最为明显，以致脑回展平且呈水样光泽。

三、猪常见中毒性类症群鉴别诊断剖析

本类症群疾病较多，本书仅重点介绍了临床常易发生的猪霉菌毒素中毒、酒糟中毒及食盐中毒三个疾病，三者在临床既有相似表征，也各有区别，可以通过临床调查、临床表征、剖解变化进行类症鉴别和初步诊断。

1. 猪常见中毒性类症群鉴别剖析

1）从发病日龄及发病特点鉴别分析

猪霉菌毒素中毒可发生于开口采食饲料的仔猪及以后各阶段猪群，但多发于温暖潮湿的夏秋季节，且多以浓缩料、预混料的饲养方式或购买小厂家的全价颗粒饲料饲养的猪场发生较多。猪酒糟中毒多见于将酒糟作为食材添加于种猪群及生长育肥猪的饲料中，因此临床多见于具有饲喂酒糟史猪场的生长育肥猪群或种

猪群；夏秋炎热季节酒糟中毒更易发生。猪食盐中毒多见于将泔水作为食材或将其他含盐量较高的饲料原料作为食材直接添加于生长育肥猪群进行饲喂且猪场无自动饮水管道系统，多见于生长育肥猪群，尤淌水猪场多见；猪食盐中毒没有明显的季节，一年四季均可发生。

2）临床表征鉴别分析

猪霉菌毒素中毒以小母猪假发情，怀孕母猪发生程度不等的流产或产死胎，生长育肥猪肉眼可直接观察到的未消化饲料颗粒的糊状稀粪，皮肤尤其四肢内侧和臀部皮肤出现暗红色瘀斑为特征，整个猪群采食量明显降低，生产性能降低；猪酒糟中毒以神经症状、皮肤有程度不等的皮疹、怀孕母猪流产等为其临床表征；猪食盐中毒以呕吐、神经症状、口渴为其主要临床表征。

3）特征性的剖解病变鉴别分析

霉菌毒素中毒以肝脏质地较硬，似橡皮肝，肝脏呈土黄色或棕黄色，肝脏表现有程度不等的黄白色霉菌颗粒，肾脏呈土黄色或棕黄色为其特征。猪酒糟中毒及食盐中毒时，其胃、肠均有程度不等的充血或出血，酒糟中毒的特征性病变是在胆囊黏膜下层严重水肿，小结肠纤维素性炎症；猪食盐中毒以脑膜和脑实质出现有程度不等的充血、出血、水肿为主，肉眼观察往往脑回和脑沟不明显，且外观发光。

2. 重点疾病与其他症候群疾病鉴别剖析

猪食盐中毒及猪酒糟中毒时临床出现神经症状，易和仔猪水肿病、猪伪狂犬病及猪李氏杆菌病误诊。其实，仔细分析较易将这几种疾病区别。仔猪水肿病临床以特征性的颜面部尤其上下眼睑水肿、胃壁尤其胃大弯黏膜下明显水肿为其特征，使用敏感抗生素或水肿病抗毒素能治愈，且多发于体质较强壮的断乳仔猪；猪伪狂犬病以幸存仔猪出现斜耳、八字脚、颤抖、排红黄色稀粪、出生几天逐渐死亡为其特征；在没有掌握发病因素之前，单纯从神经症状较难与猪食盐中毒、猪酒糟中毒及猪李氏杆菌病区别，但在了解猪群发病前有采食酒糟史、泔水等含盐量较多的食材史后，也易鉴别；另外，猪食盐中毒有呕吐、口渴现象，而李氏杆菌无此表征；猪酒糟中毒以胃肠程度不等的充血出血、小结肠纤维素性炎症、胆囊黏膜下层严重水肿为主要特征，猪李氏杆菌以局灶性肝脏坏死、其他脏器程度不等的坏死、脑及脊髓变软有化脓灶为特征。

四、猪中毒性类症群防控原则及针对性防控措施

（一）猪中毒性类症群防控原则

1. 全群采取全价颗粒饲料饲养，定期监测各类猪群日平均采食量及生产性能

对猪场各类猪群采取正规公司生产的全价颗粒饲料进行饲喂，定期观察和收集各类猪群日平均采食量、生产性能指标，及时发现食源性中毒并采取对应措施。

2. 科学使用代替食材

在有条件猪场，需使用酒糟、泔水等代替饲料饲喂猪只，需按照添加原则及可能发生中毒的保健措施执行饲养管理制度，原则上酒糟添加不超过猪群每餐采食的 1/3；泔水需经高压蒸煮、消毒，按照泔水与饲料 1∶2 或 1∶3 的添加比例饲喂猪只。

3. 科学保健

定期给猪群按照中草药方剂、益生菌交替应用添加于饲料或其他食材中，用于辅助猪机体的解毒与修复肠道微环境。常用中草药方剂可选清瘟败毒散、黄连解毒散、通肠散等；益生菌可选用双歧杆菌、乳酸杆菌或枯草芽孢杆菌等。

（二）针对性防控措施

1. 猪中毒类症群针对性防控原则

针对疑似猪中毒性疾病，须按强心、解毒及对症治疗的原则用药和处方。也可辅助以利尿药，其中解毒一般通过催吐或洗胃、利尿及加速排便三个途径进行。

2. 针对性防控

1）切断中毒源和充足饮水

立即禁止引起中毒的食材继续饲喂，换用其他品牌的全价颗粒饲料进行饲

喂；同时于发病猪群添加适量的新鲜青绿饲料；全群添加电解多维及葡萄糖自由饮水。

2）不同中毒，针对治疗

针对猪酒糟中毒病，在前述措施前提下，以 1% 碳酸氢钠液 1000 ~ 2000mL 内服或灌肠，同时口服缓泻剂，如硫酸钠 30g、植物油 150mL，加适量水混合后内服或灌服，并静脉注射 5% 葡萄糖生理盐水 500mL，加 10% 氯化钙液 20 ~ 40mL，也可肌肉注射 10% ~ 20% 安钠咖 5 ~ 10mL；兴奋不安病例可静脉注射 5% 水合氯醛注射液 10 ~ 20mL，或 25% 硫酸镁注射液 10 ~ 20mL。

针对猪食盐中毒，轻症猪只，可按体重 20% 甘露醇 5mL/kg+25% 硫酸镁 0.5mL/kg，静脉注射，2 次 /d 或 1 次 /d，连续 2 或 3 次，同时辅以充足饮水（可用葡萄糖水）；重症猪只，静脉注射 10% 葡萄糖酸钙 50 ~ 100mL，25% 山梨或 50% 高渗葡萄糖液 50 ~ 100mL；同时辅以 1% 硫酸铜 50 ~ 100mL 内服催吐，内服硫酸钠 30g 或植物油 150mL；针对兴奋不安的病猪可参照酒糟中毒使用水合氯氯醛或 2.5% 盐酸氯丙嗪、25% 硫酸镁等。

猪霉菌毒素急性中毒时，用 0.15% 高锰酸钾液或 1% 双氧水洗胃，同时内服泻剂和防腐剂，如硫酸钠、硫酸镁、植物油等；缓解呼吸困难可使用安溴合剂注射液（即 10% 溴化钠液 10 ~ 20mL，10% 安钠咖 20mL），或 3% 双氧水 10 ~ 30mL 用 3 倍以上的 5% 葡萄糖生理盐水稀释后静脉注射。酸中毒时，可注射 5% 碳酸氢钠 100mL，也可用 5% ~ 20% 硫代硫酸钠液 20 ~ 50mL 静脉注射，或静脉注射 40% 乌洛托品 10 ~ 20mL。针对急性中毒猪只，在催吐、泻毒（内服泻剂）后，可使用生绿豆粉 250g、甘草末 30g、蜂蜜 250g，混匀内服。

第九章　猪常见其他疾病鉴别诊断

一、猪常见其他疾病概述

规模猪场除前述常见疾病之外，还有新生仔猪溶血病、猪中暑病及母猪产后败血症等在生产实践中报道较多，本书作简要介绍。本类疾病最大特点在于不具有传染性，多因饲养管理水平低下及遗传性等因素引起。除新生仔猪溶血病外，通过提高猪场的饲养管理水平，基本能控制猪中暑病及母猪产后败血症两个疾病的发生。

二、猪常见其他疾病识别

（一）新生仔猪溶血病（hematolysis of piglet）

新生仔猪溶血病是母猪血清和初乳中存在抗仔猪红细胞抗原的特异性抗体，当仔猪吸吮母乳后，突然发生急性血管内溶血，临床上以贫血、黄疸、血红蛋白尿为特征，属于Ⅱ型超敏反应性免疫病。各种动物均可发病，仔猪一旦发病，死亡率可达100%。该病分为最急性、急性、亚急性三种。

1. 发病因素与机理

1）发病因素

仔猪与母猪的遗传性血型不符，具体发病过程大体如下：父母血型不合，仔猪继承的是父畜的红细胞抗原，仔猪红细胞抗原经胚盘屏障进入母体血液循环；母体产生抗仔猪红细胞的特异性同种血型抗体；抗体（immunoglobulin M，IgM）分子质量大，不能通过胚盘，不影响胎儿；血清抗体在乳腺内浓集，并分泌于初乳中，仔猪出生后吸吮了含有高浓度抗体的初乳，抗体经胃肠吸收直接与红细胞表层抗原特异性结合，并激活补体，引起急性免疫性血管内溶血。但具体机制还不太清楚，需进一步研究。现在主要有两种观点。其一，猪红细胞表面抗原分子有16个系列，其中活性最强的是A血型抗原。当A血型抗原公猪和非A型母猪交配，仔猪如果继承了公猪的A抗原，则母猪血清内就会产生特异性A血型抗体，并浓集于初乳中，但新生仔猪的胃液和血浆内都有可溶性 A 抗原存在。初乳中的 A 血型抗体首先被胃液内的 A 抗原所结合，少量通过胃肠吸收的 A 抗体又被血浆内的游离 A 抗原结合，极少能抵达靶细胞与表面抗原接触而导致溶血。其二，母猪在妊娠前后曾多次接种含不同血型抗原的猪瘟结晶紫疫苗，血清中产生和初乳内浓集的同种血型抗体凝集价很高，能够克服新生仔猪胃液和血浆中游离抗原的消减作用，抵达靶细胞，与红细胞表面抗原结合而导致血管内溶血，母猪体内如此产生的同种血型抗体，持续存在的时间较长，有时可使连续几窝仔猪发病。

　　2）致病机理

　　红细胞发生溶血时，放出大量的血红蛋白，血红蛋白被网状内皮细胞转变为胆红质，胆红质游离在血浆中，这种胆红质被称为游离胆红质，当游离胆红质随着血液循环到达肝脏后，经过一系列反应转变为结合胆红质。大量的结合胆红质经胆管随胆汁排泄至肠管，在细菌的作用下，还原为无色的粪（尿）胆素原，其中尿胆素原被血液吸收，经肾脏随尿排出，即为尿胆素，当尿胆素增加时，则尿色加深。大量胆红质积聚于血液内，通过血液循环将胆红质带至各组织器官，因而临床上出现黄疸，轻度时只在眼的巩膜有黄疸，严重时全身黄疸并伴有贫血。

2. 临床症状

　　1）最急性型

　　出生时正常，即新生仔猪状态良好，精神活泼，但吸吮初乳后数小时突然发病，临床上只表现急性贫血，于 12h 内未显示黄疸、血红蛋白尿的情况下，很快陷入休克死亡。

　　2）急性型

　　一般在仔猪吃初乳后 24h 发病，48h 出现全身症状，多数在 2～3d 内死亡，最初表现为精神委顿，畏寒震颤，后躯摇晃，卧地尖叫；被毛粗乱逆立，皮肤苍白，衰弱，结膜黄染，严重者皮肤黄染，尿色透明呈红棕色，隐血强阳性，血液稀薄，不易凝固，血红素由 8～12g 降至 3.6～5.5g，红细胞数由 500 万个降至 150 万～300 万个，红细胞形态大小不均，多呈崩解状态，以后呼吸心跳加快，症状加重，迅速死亡。

　　3）亚急性型

　　不显症状，通过血液学检查才能发现溶血。

3. 病理变化

　　剖检可见，全身黄染，皮下组织黄染，肠系膜、大网膜、腹膜、大小肠呈不同程度的黄色，肝脏肿胀、黄染，脾脏呈褐色、稍肿大，肾脏肿大而明显，膀胱内积聚暗红色尿液。

（二）猪中暑病（swine heatstroke）

猪日射病与热射病又称中暑或中热。日射病：在炎热的夏季，因头部受日光照射，引起脑及脑膜充血和脑实质的急性病变，导致中枢神经系统机能严重障碍的现象。热射病：因潮湿闷热通风不良环境中新陈代谢旺盛，产热多，散热少，体内积热，引起严重的中枢神经系统功能紊乱的现象。肥猪和大猪较瘦猪、小猪易发。

1.发病因素及机理

1）日射病

在炎热的夏天，中午前后猪放牧时没有树木遮阴，或放牧时有云遮阳，随后云散，致日光直接照射头部，而又缺乏饮水，机体水分蒸发较多，血液浓缩，头部血管扩张，脑及脑膜充血，体温升高，颅内压增高，引起中枢神经系统调节机能障碍，进而呼吸浅表，心衰，意识障碍，甚至昏迷。

2）热射病

猪圈低矮，后墙无窗，在炎夏通风不良，加上天气闷热，湿度较大，外界温度又超过体温，加之缺乏饮水，导致体内积热多散热少，新陈代谢旺盛，氧化不完全的中间代谢产物大量蓄积，引起脱水、酸中毒，组织缺氧，碱贮下降，影响中枢神经对内脏的调节作用。但病猪意识清醒。

2.临床症状

1）日射病

突然发病，精神极度沉郁，体温为 42～43℃，黏膜、皮肤发紫，呼吸迫促困难，犬坐，张口流涎，意识障碍，节律不齐。病程最短的 2～3h 死亡。病轻者在初期予以治疗，可以痊愈。

2）热射病

病猪一般突然发病，耳部和背部发红、烫手，特别是耳部血管明显充盈、隆起，皮肤灼热，随后出现兴奋，站立不安，频频啃咬水嘴、饲槽等，体表温度可达38.0～38.6℃，直肠温度为 40～42℃以上，后期站立不稳，肌肉震颤，痉挛，嚎叫，抽搐，呼吸困难，倒地不起，呈昏迷状态，瞳孔散大，反射消失，迅速死亡。

3. 病理变化

鼻孔有血色泡沫，脑和肺脏充血、水肿。胸膜心包膜以及肠系膜都有瘀血斑和浆液性炎症。日射病时可见到紫外线所致的组织蛋白变性皮肤新生上皮的分解。

（三）母猪产后败血症（postpartum sow septicemia）

母猪产后败血症又称产褥热，母猪在分娩过程中或产后，在排出或助产取出胎儿时，产道软组织受到损伤，或恶露排出迟滞引起感染（细菌及毒素进入血液引起）的产后疾病。临床上按病程分为急性和慢性，是母猪常见多发的产后疾病之一，发病率高，治疗周期长，治愈率低，死亡率高，是造成母猪产后死亡的主要原因之一。

1. 发病因素与机理

由于分娩时，病菌从产道侵入循环系统，转入心脏、肺脏、乳房、关节等器官引起。

（1）阴道检查、分娩及难产助产时不按操作规程严格消毒。

（2）怀孕母猪临产、分娩或产后，由于溶血链球菌、金黄色葡萄球菌、化脓棒状杆菌、大肠杆菌或传染性流产菌等从产道或子宫黏膜的损伤部位侵入机体，随血液和淋巴系统蔓延到全身而导致的外源性感染。

（3）阴道内存在的某些条件性病原菌在母畜患有产道损伤、阴道炎、子宫弛缓、布氏杆菌病等机体抵抗力降低时亦可发生本病。

（4）胎儿死于子宫内未及时排出而腐败。

（5）阴道、子宫脱出以后严重污染，清洗消毒不严格、不彻底，而整复以后用药不及时。

（6）胎衣不下、其他子宫疾病、乳房疾病等治疗用药不及时也能引起发病。

2. 临床症状

病猪病初经常从阴门排出带有臭味的灰白色或褐色混有脓汁的浑浊分泌物或脓性分泌物，严重时流出含有腐败分解的组织碎块或腐败胎衣、腐烂分解胎儿，流出恶臭液体，腥臭难闻；阴道肿胀，呈污褐色，触诊有剧痛表现，阴门周围及尾根常粘有脓性分泌物或干痂；病猪一般均有腹膜炎的现象，表现弓腰，努责，频频做排尿姿势，很容易造成误诊而延误治疗。随着病情发展，病猪出现精神沉郁，躺卧不愿起立，鼻盘干燥，体温升高，食欲减退或废绝，不时磨牙空嚼，泌乳量急剧降低等症状，体温呈现稽留热是本病的显著特征，病初体温急速上升，而后稽留于 40 ～ 41℃以上，但耳及四肢则冰凉，体温升高的同时脉搏和呼吸也增数。猪的产后败血症多呈现亚急性经过，如果母猪营养状况好，治疗及时则一般情况下均可治愈，若继续发展，病猪出现卧地泳状运动，呻吟，胃肠蠕动停止，食欲、饮水废绝，便秘，体温偏低，末梢发凉，结膜发绀，心率为 100 ～ 120 次 /min，呼吸为 60 次 /min 以上。

三、猪常见其他疾病鉴别诊断剖析

1. 猪常见其他疾病鉴别剖析

1）共同特点

本群疾病根据归类属于前述类症群之外的散在类症群，因仅包括三种疾病，且该三种疾病临床特点各不相同，因此较易区别。三种疾病均不具有传染性，散发为主是其共同特点。

2）发病特点鉴别剖析

新生仔猪溶血病仅发生于刚出生 3d 内的仔猪；母猪产后败血症仅发生于产仔后的母猪；猪中暑病多发生于生长育肥猪，尤其是育肥猪、怀孕母猪，仔猪较少发病。母猪产后败血症及猪中暑多发生于夏秋炎热季节；新生仔猪溶血病无明显季节性，但发病具有窝次性，即同窝仔猪突然表现相同及相似症状，且多以吃了初乳后的几小时出现。

3）临床表征鉴别分析

猪中暑及母猪产后败血症均高烧，体温达 40℃及以上；新生仔猪溶血病体温往往正常或低于正常体温。母猪产后败血症除高烧外，往往从发病母猪阴户流出恶臭的灰白色液体。猪中暑时，除体温明显升高外，发病初期还表现神经症状如盲目转圈、磨牙等，且病猪均出现程度不等的流涎症状，溶血病和产后败血症无神经症状，一般无流涎。仔猪溶血病以尿赤黄或红棕色、全身苍白及可视黏膜黄染为其特征。

4）用药疗效鉴别分析

新生仔猪溶血病无特效药物，最经济有效的方式是将发病新生仔猪转圈寄养。母猪中暑病对常规抗生素无效，但可以采取降温、镇静和强心、利尿的措施治愈。猪产后败血症对头孢、青霉素类等抗革兰氏阳性菌及厌氧菌的药物有效。

2. 重点疾病与其他类症群疾病鉴别剖析

1) 新生仔猪溶血病与猪钩端螺旋体病鉴别诊断剖析

两者均在临床表现为可视黏膜黄染、血尿、棕红色或棕黄色尿液；区别在于新生仔猪溶血病仅见于刚出生后且吃过初乳的仔猪，尤其体格较大吃初乳较多的仔猪最先发病，一般出现于出生后3d内的新生仔猪，而猪钩端螺旋体病见于不同日龄猪只；新生仔猪溶血病不具有传染性，只具有同窝性或同胎性，即来自同母猪的新生仔猪发病，其他圈舍仔猪不受影响，而钩端螺旋体病具有传染性，且感染有钩端螺旋体的怀孕母猪往往死胎率较高，严重时可引起流产；另外，猪钩端螺旋体病的病猪头颈部一般肿胀，俗称"大头瘟"，新生仔猪溶血病无此特点。

2) 猪中暑病与猪食盐中毒病鉴别诊断剖析

两病均在临床表现为体温升高、神经症状、流涎等症状。两种疾病的不同之处较多，主要在于猪食盐中毒病必须有摄入高盐史且饮水供给不足，一般见于饲料拌盐太多或用腌菜、酱渣喂食猪只或使用较咸的泔水喂猪时；除此之外，发病猪只表现口渴和呕吐症状；没有季节性。猪中暑病一般发生于夏秋季节阳光直射、气温炎热的环境下，且多发于低矮闷热圈舍的育肥猪及怀孕母猪，无口渴感或口渴感不强；临床很少有呕吐症状；采取降温、镇静基本能治愈。

3) 母猪产后败血症与子宫内膜炎、母猪无乳综合征鉴别剖析

这三种病均在母猪产后出现体温升高、食欲不振或废绝、精神沉郁及呼吸、心跳均增速；母猪子宫内膜炎更易与母猪产后败血症混淆在于均会从阴户流出不同色泽和不同味道的浑浊液体。但母猪产后败血症往往发于产后几小时或1～2d内，发病母猪高烧且出现全身症状，阴户流出恶臭的灰白色液体。母猪子宫内膜炎于母猪生产后至发病的间隔较长，阴道分泌物有时带血（粉红色）或组织碎片有腥臭；转为慢性时，显全身症状，卧倒时阴户排出灰白色、黄色、暗灰色黏性分泌物或在阴户周围和尾根有干结物，站立不排黏液；另外，母猪慢性型子宫内膜炎最易出现屡配不孕情况。

母猪产后无乳综合征较易和上述两病区别开来，母猪无乳综合征除有和母猪产后败血症、母猪子宫内膜炎相似的体温升高、精神沉郁、食欲不振或废绝等外，一般在阴门无液体流出，尤其无灰白色或灰褐色分泌物流出，仅表现产后母猪对仔猪感情淡薄，对仔猪叫唤和吃乳要求无反应；触摸乳房变硬。根据这些表征，基本能将本病与其他两种疾病区别开来。

四、猪常见其他疾病针对性防控措施

1. 猪常见其他疾病综合防控原则

1）加强饲养管理

做好猪舍的"四度一通风"工作，即保持猪舍适宜的温度、湿度，控制猪舍的饲养密度，及时排粪清洁圈舍和去除蜘蛛网等，加强消毒，保持猪舍的清洁度，为猪舍的猪群营造舒适、洁净的生长环境。

2）科学保健，准确诊断和用药

针对上述三种疾病，可于易发病季节或易感阶段制定定期的保健方案，如针对夏秋季节，在阳光强烈、气温较高天气期间全群添加银翘解毒散或黄连解毒散，也可于饲料中添加藿香正气散，连续使用，至气温降低时停用；如制定临产母猪的产前、产后保健方案，分别于产前注射林可霉素、产后冲洗生殖道及注射或输液林可霉素等抗感染的抗生素。

2. 针对性防控措施——可选药物

母猪产后败血症可选择林可霉素、青霉素类、头孢类药品。猪中暑病可选择十滴水饮水、安乃近注射、葡萄糖生理盐水或碳酸氢钠液输液；水合氯醛灌服或盐酸氯丙嗪输液；同时，可辅以清瘟败毒散或黄连解毒散或银翘解毒散饮水。

第十章　猪场综合性生物安全措施

随着单个猪场养殖总量越来越大，伴随的猪病发生频率也越来越多，如何实施科学有效的防控措施是各规模猪场老板及技术人员最为关心的问题。受传统防控思维的影响，中国动物保健药物行业本身发展滞后及产品良莠不齐、兽药销售人员的推销、养猪从业人员食品安全及违禁药意识淡薄等因素的叠加，使抗生素成为中小规模猪场最主要的保健措施，进口或国外公司生产的疫苗更成为各规模猪场首选的对象。随着各种技术培训、信息平台等的出现，各规模猪场老板及技术人员的保健意识越来越强，其保健措施也因不同猪场而各异。

因此，做好规模猪场生物安全措施将有助于降低猪场的发病及病率死，提高生产效率及养殖效益。传统的生物安全包括疫苗免疫、科学保健。笔者认为，规模猪场的生物安全措施包括猪舍的科学选址及猪舍设计、猪场疫病的疫苗免疫与定期监控、消除或降低霉菌毒素因素、科学的粪污处理及消毒、科学保健共 5 个方面的措施，为猪只的生存提供洁净、舒适的生活环境。因篇幅所限及本书主旨在于鉴别疾病剖析等原因，本处就这五个方面仅作简要的提纲性介绍。

一、猪舍选址及猪舍设计的科学化

猪场选址做好如下几点：尽量远离其他畜禽养殖区；地势高，采光通风较好，交通便利，水源充足，用电方便，且便于猪场按生产区、后勤区、粪污处理区、生活区、办公区等布局。养猪场要远离飞机场、铁路、车站、码头等噪声较大的地方。养猪场的位置要在居民区的下风处，地势要低于居民区，但要避开居民区排污口和排污道。养猪场与居民区的距离为：中小型场（单个场年出栏商品育肥猪在 10000 头以下）应不小于 500m；大型场（年出栏商品育肥猪 10000 头以上）不小于 1000m；距各种化工厂、畜产品加工厂的距离在 1500m 以上。总之，在猪场选址时既要考虑噪声和病原的公共传染源问题，同时还需考虑猪场交通、水源、电等因素。

猪舍设计多以全封闭式、半封闭式及敞开式相结合。全封闭式多用于哺乳母猪舍，半封闭式多用于保育舍或生长育肥舍；敞开式多用于育肥猪舍。猪舍内部布局多以双列式、单列式为主，多列式相对较少。

　　猪舍内部设计应该能适应现代智能管理，包括自动喂料、饮水，自动除粪、自动报警氨气等有害气体浓度。

二、制定严格的引种制度

　　规模猪场在引种时，必须严格坚持"自繁自养"、不从疫区引种、引进的种猪严格执行隔离与重点病原监测制度、尽量引进有完善系谱史和定期疫病抗原抗体监测记录的种猪；引进的种猪原则上应该隔离饲养 1 ～ 2 个月，且应有销售方给予的免疫程序记录。凡没有免疫记录、重点疫病抗原抗体检测报告以及无完全系谱史的种猪，原则上均不得引进。另外，引进种猪进入猪场前必须作严格和彻底的消毒。

三、科学免疫与严格执行定期的抗原抗体检测制度

（一）科学免疫

1. 科学选择疫苗

　　可供规模猪场用于紧急预防或一般预防各种疫病的疫苗包括自家组织灭活疫苗及商品疫苗，前者因生物安全因素仅用于紧急预防，后者是绝大部分规模猪场使用的疫苗类型。市场销售的商品疫苗根据其制备工艺、免疫原来源等将其分为灭活疫苗、弱毒疫苗、基因工程疫苗、亚单位疫苗、多肽疫苗及核酸疫苗等。不同的疫苗产生抗体效价的时间长短有差异。因此，针对不同规模猪场猪自身状况等因素，其疫苗类型的选择尤为重要。

　　一般而言，弱毒活疫苗的优点是产生抗体速度快，能同时诱导机体产生细胞免疫和体液免疫反应，但缺点是抗体维持时间短，且部分活疫苗会存在毒力返强、持续性感染、基因重组或干扰其他疫苗免疫效果等缺点（如猪蓝耳病活疫苗）。灭活疫苗的优点是安全性高，产生的抗体维持时间长，缺点是只能诱导机体产生体液免疫反应，而且抗体产生速度慢，不能用于紧急免疫接种。当前临床能应用的基因工程合成肽疫苗只有口蹄疫合成肽疫苗。此外，猪群免疫时要选择符合当地流行毒株血清型的疫苗进行免疫才可达到好的防控效果。

2.制定科学的免疫程序

不同地区、不同规模猪场其流行或易感的疾病各异。另外，不同季节各规模猪场也有其自身的发病特点。因此，以不同类别猪场执行不同免疫程序，针对性地以各规模猪场常发疾病为主要预防对象设计和执行免疫程序是科学免疫程序制定的基本原则。除此之外，在定期抗原抗体监测基础上调整免疫程序，并在调整的免疫程序基础上严格执行后，若规模猪场未出现相应疾病或继发其他疾病，才可最终确定为适合该规模猪场的科学免疫程序。原则上，一旦确定为适合某规模猪场的科学免疫程序，不再随意更换疫苗（包括疫苗厂家及疫苗类型）和调整免疫程序。不过，根据疫病流行情况，可有意识地增加同一病原不同毒株的相同类型疫苗进行免疫，有助于降低该种疾病的感染。

3.不同类别猪场免疫疫苗类别

考虑养殖成本因素，不同类别猪场针对性防控疾病的疫苗种类各异。祖代及曾祖代猪场，其选择病原疫苗免疫时原则上应该覆盖绝大部分病毒性及细菌性疾病，其中核心疫苗类别包括猪瘟、猪繁殖与呼吸障碍综合征、乙型脑炎、猪细小病毒病、猪伪狂犬病毒病、猪圆环病毒 2 型、大肠杆菌病、猪传染性萎缩性鼻炎、喘气病、猪肺疫及猪丹毒等。父母代猪场在此基础上略作删减。单纯性育肥猪场建议免疫猪瘟、口蹄疫、喘气病、高致病性蓝耳病疫苗即可。因篇幅所限及不同类别猪场免疫程序各异，本书对制定的免疫程序不作介绍和罗列，请读者参阅其他书籍。

（二）制定定期的抗原抗体检测制定

养殖水平较低、养殖从业人员的理念欠缺及其专业理论基础较差尤其实验室动手能力较弱、检测抗体设备、人力成本等因素，使绝大部分中小规模猪场仅凭经验或相关技术人员、专家的建议设计免疫程序并免疫，对免疫接种的各种病原抗体水平未进行适时监测。有的规模猪场使用的经验式免疫程序从开始养猪一直未变。这不利于猪场疾病的有效预防。因此，针对不同类别猪场在免疫不同病原疫苗基础上，制定定期的针对某些病原的抗原或抗体水平的监测是各规模猪场严格执行科学免疫的重要辅助手段和措施。不过，不同类别猪场其定期检测的病原类型、送检数量、检测频率略有不同。

根据临床经验，包括祖代猪场、父母代猪场在内的规模猪场原则上都应该对猪瘟、猪繁殖与呼吸障碍综合征、猪伪狂犬病、猪圆环病毒病、猪口蹄疫、猪传染性胃肠炎、猪流行性腹泻等病原相应抗体水平进行定期监测。

四、严格执行科学的消毒制度

（一）规模猪场出现的消毒误区

1. 选择消毒药品时很随意

很多规模猪场老板及从业人员理解消毒对猪场疾病防控的重要性，但在选择消毒药品时很随意。一方面可能在于对消毒药品类型不了解；另外，了解猪场常发疾病病原对各种消毒药的敏感性等知识较少。选择消毒药时更多是根据兽药销售人员的宣传及消毒药的使用说明书。

2. 消毒程序很不规范

猪场消毒出现误区最多的是用自来水按习惯性的配比比例将消毒药配好，直接对猪舍进行消毒，考虑最多的可能是猪群采食时不消毒。出现没考虑全场消毒、全圈舍消毒、未处理粪污后消毒等误区，往往以例行性消毒或应付式消毒为主，消毒更多是一种心理安慰，没有达到消毒的真正目的。

3. 消毒药品浓度越大，消毒效果越好

受传统兽药观念的影响，在使用消毒药时认为浓度越大消毒效果越好，在配消毒药液时往往随意性较大，不按规定比例配制，且选择稀释用水很随意，有的直接从池塘或水沟里取水。稀释消毒药液的水原则需用煮沸冷却至常温的水最为科学。

（二）执行严格科学的消毒制度

执行严格科学的消毒制度包括猪场消毒药品类型选择制度、消毒程序（包括常规消毒程序及紧急消毒程序）、消毒时间或频率、消毒区域、用于猪场的各种消毒药品的配制与使用方法等。

用于各规模猪场的消毒药品原则上应选择2或3种不同酸碱度的消毒药交替应用。

消毒程序分常规圈舍消毒、重大疫情时的消毒、全进全出后的消毒程序。不过，一般消毒程序均按除粪尿、冲洗、干燥、密闭、消毒、通风等流程进行。

消毒频率一般是夏季舍内气温较高季节，1～2次/周；冬天气温较低季节每2周1次或每3周1次，具体消毒频率以猪舍环境及猪群健康状况而定。

常规消毒不仅仅包括每幢猪舍人行过道、粪道等，还包括圈舍吊顶区域、边角及每个圈舍的墙壁、地面等；除此之外，还应对每幢猪舍之间的粪沟、堆放的干粪、器具等进行消毒。

五、制定科学的除霉、防霉制度

（一）防霉的误区

（1）只注重防霉效果，而忽视对饲料营养的破坏。

（2）只考虑全价料的防霉，而没考虑源头的防霉，如仓库、原料等。

（3）添加了脱霉剂等防霉、抑霉菌的制剂，即认为安全。

（二）防霉措施

1. 改变饲喂方式

猪的霉菌毒素中毒主要来自玉米等发霉原料的黄曲霉毒素或赤霉烯酮等，猪的霉菌毒素中毒与其饲喂原材料来源密切相关。一般情况下，除特色养殖外，规模猪场目前包括由自购原材料式的自配料，自购玉米、鱼粉等原料的浓缩料及预混料饲喂方式，以及完全使用专业饲料企业生产的全价饲料饲喂共3种方式。由于前两种饲喂方式均存在无专业鉴定设备、无专业检测仪器与人员、采购人员无专业的原料品质鉴定知识，往往因购买的次级玉米或麸皮等而导致猪群急性或慢性霉菌毒素中毒。专业饲料企业尤其大型的饲料生产企业因具有专业仪器设备与人员，对饲料原料质量把控严格，往往生产出来的饲料符合国家规定标准，因此建议无条件的养猪企业改原来自购原料进行加工饲喂为使用大型饲料生产企业尤其每年国家质检总局抽检报告均合格、未见报道不合格的饲料企业生产的全价饲料进行饲喂，这将大大降低霉菌因素。

2. 建设或改建专用饲料储藏仓库

温度和湿度是霉菌生长的主要条件。因此，任何一个规模猪场原则上都应该新建或改建一个能保证恒温、恒湿条件的饲料储存库房，尤其对交通相对不便利、运输距离相对较远的猪场。常见方式实行由木材形成的悬空支架、地面撒生石灰、墙壁贴不渗水的塑料薄膜、窗户安装通风装置，可起到简易饲料库房的作用。

3.控制饲料暂时性在猪场储存的时间

由于温度和湿度在不同时间、不同地区各不相同，因此，不同地区、不同时间其暂时储存饲料的时间各异。一般情况下，每年 4 ～ 10 月是霉菌容易生长的季节，不管是北方还是南方猪场，暂时储存在猪场库房的饲料最好不要超过 1 周。

针对储存饲料的临时库房，可于每年的 4 ～ 10 月，对仓库用防霉熏蒸进行熏蒸，每 15 ～ 30d 熏蒸 1 次，全面清除仓库霉菌。在 11 月至第二年的 3 月，每个月对仓库进行熏蒸，全面清除霉菌。

六、科学的粪污处理及其他公共卫生安全

（一）规模猪场粪污的处理方式

猪生产的粪便及尿液等在圈舍、场地的堆积是病原滋生和传播的重要来源地，也是猪场公共卫生安全需要考虑的最重要因素。目前，猪场粪便及尿液的处理方式包括人工清粪、机械清粪、水冲清粪及自流式清粪等几种；对猪粪的处理包括物理学处理、生物学处理等方法，而对猪场形成的粪尿等污水的处理主要包括活性污泥法、生物膜法、厌氧发酵法等。不同规模猪场根据经济实力、地理条件等选择不同的粪污处理方法。其中目前较多规模猪场以干湿分离后的活性污泥法或生物膜处理法的污水处理方式为主。

（二）科学处理好规模猪场的其他公共安全

凡是能导致病源传进生产区，或在猪舍内猪群之间进行病源传播的动物及其他媒介均是规模猪场疫病防控重要的公共安全因素。其中，传播或引起病原扩散的媒介包括猪舍的猫、犬、鸡等常见畜禽，另外还包括猪场的鼠、来猪场参观的人员等。因此，第一，所有规模猪场尤其生产区严格禁止猪、鸡、牛、羊、兔、犬、猫的混养，生产区只单一饲养猪，且砌有围墙与周围

环境隔离开；第二，制定科学严格的防鼠、灭鼠政策，包括灭鼠药的选择、灭鼠时间、死鼠尸体处理方式等的制定；第三，制定切实有效的人员进出猪场制度。根据猪场是祖代或曾祖代种猪场、商品猪场等制定人员进出制度，原则上，猪场级别越高，限制人员进出的制度越严格，最好的方式是禁止与生产无关的外来人员参观与进出，即使本场人员进出，也应按淋浴与全身换装的制度执行。

七、科 学 保 健

（一）规模猪场保健误区

（1）给正常猪群长时间、高频率使用抗生素，认为添加抗生素后猪群就不会发病或少发病。

（2）将原料药直接拌料或饮水应用于猪群，分不清兽药原料、兽药制剂、预防制剂等。

（3）不合理配伍用药，一个猪场往往在保健方案中使用4种以上的药品，而且不清楚这几种兽药的配伍禁忌等知识，认为交叉用药效果会很显著。

（4）对制定并实施保健的目的或功能的目标较单一，多局限于使猪群少发病、少死猪，未从提高繁殖力、延长繁殖年限、改善肉质品味等方面去考虑。

（二）规模猪场的保健目标与方案

1.调理性保健

本保健类型主要针对规模猪场的经产种母猪及种公猪，由于种公猪的长期采精与能繁母猪的频繁生产繁殖，加之限位栏饲养导致种公猪与能繁母猪较少运动，种公猪精气、能繁母猪气血较虚、热毒较重等，需通过科学保健对其进行调理。调理药品多为中药方剂与益生菌剂，如针对种公猪的多为金锁固精散，针对能繁母猪的中药方剂包括益母生化散、通肠散等。另外，益生菌制剂作为调理肠胃微环境、通便等功效在能繁母猪保健中较常使用。

2.季节性及针对性保健

针对季节性易发疾病，提前给猪群饲料中添加相关预防用药，有助于降低或抑制季节性疾病的发生。常见季节性疾病包括冬春季节的猪传性胃肠炎、猪流行性腹泻引起的仔猪腹泻、流行性感冒等，夏秋炎热季节以蚊、蝇等为媒介传播疾病的附红细胞体病、弓形虫病、乙型脑炎等。可分别于该类疾病易发季节前的半个月开始，在改善和提高饲养管理水平基础上，于猪群投喂预防性药品（以益生菌及中药方剂为主），尤其针对发生前述疾病频率较高的猪场，可分别按使用剂量添加荆防败毒散、白头翁散，黄连解毒散、清瘟败毒散等中药方剂以及土霉素预混剂等药品。益生菌剂原则上不和抗生素同时添加于饲料中。

主要参考文献

甘孟侯，杨汉春 . 2005. 中国猪病学 [M]. 北京：中国农业出版社 .

王天友，刘保国，赵恒章 . 2005. 主传染病现代诊断与防治技术 [M]. 北京：中国农业科学技术出版社 .

张建新 . 2007. 群养猪疫病诊断及控制 [M]. 郑州：河南科学技术出版社 .

易本驰，张汀 . 2008. 猪病快速诊治指南 [M]. 郑州：河南科学技术出版社 .

李一经 . 2008. 猪传染性疾病快速检测技术 [M]. 北京：化学工业出版社 .

代广军，蔡雪辉，苗连叶 . 2008. 规模养猪高热病等流行疫病防控新技术 [M]. 北京：中国农业出版社 .

史秋梅 . 2008. 猪病诊治大全 [M]. 第 2 版 . 北京：中国农业出版社 .

易本驰，张汀，等 . 2009. 养猪科学用药指南 [M]. 郑州：河南科学技术出版社 .

刘洪云，李春华 . 2009. 猪病防治技术手册 [M]. 上海：上海科学技术出版社 .

徐有生 . 2009. 猪病理剖解实录 [M]. 北京：中国农业出版社 .

杜向党，李新生 . 2010. 猪病类症鉴别诊断彩色图谱 [M]. 北京：中国农业出版社 .

宣长和，马春全，汤广志，等 . 2011. 猪病类症鉴别与防治彩色图谱 . 第 3 版 . [M]. 北京：中国农业科学技术出版社 .

张建新，陶顺启 . 2013. 猪场兽医师 [M]. 郑州：河南科学技术出版社 .

宣长和，张桂红 . 2013. 规模化猪场疾病信号检测诊治辩证法 [M]. 北京：中国农业科学技术出版社 .

林太明，吴德峰 . 2014. 猪病临床诊治彩色图谱 [M]. 北京：中国农业出版社 .

陈立功，董世山 . 2014. 猪常见病诊治图谱 [M]. 北京：化学工业出版社 .

荆所义，李艳玲，王心亮 . 2014. 非传染性猪病防治大全 [M]. 郑州：中原出版传媒集团，中原农民出版社 .

史利君 . 2015. 育肥猪常见病特征与防控知识集要 [M]. 北京：中国农业科学技术出版社 .

谷风柱，马玉华，王志远 . 2015. 猪病临床诊治彩色图谱 [M]. 北京：机械工业出版社 .

江斌 . 2015. 猪病诊治图 [M] 谱 . 福州：福州科学技术出版社 .

王琴，涂长春 . 2015. 猪瘟 [M]. 北京：中国农业出版社 .

童光志，李泽君 . 2015. 猪流感 [M]. 北京：中国农业出版社 .

陆承平，吴宗福 . 2015. 猪链球菌病 [M]. 北京：中国农业出版社 .

王志亮，吴晓东，王君玮 . 2015. 非洲猪瘟 [M]. 北京：中国农业出版社 .

李长友，李晓成 . 2015. 猪群疫病防治技术 [M]. 北京：中国农业出版社 .

刘家国，武彩红 . 2015. 土法良方治猪病 [M]. 第 2 版 . 北京：化学工业出版社 .

杨汉春 . 2015. 猪繁殖与呼吸综合征 [M]. 北京：中国农业出版社 .

刘永明，赵四喜 . 2016. 猪病临床诊断技术与典型医案 [M]. 北京：化学工业出版社 .

刘建钗，刘彦威 . 2016. 常见猪病形态学诊断与防控 [M]. 北京：化学工业出版社 .

史利君 . 2016. 母猪常见病特征与防控知识集要 [M]. 北京：中国农业科学技术出版社 .

罗超应，王贵波 . 2016. 猪病防治及安全用药 [M]. 北京：化学工业出版社 .

李继良，周双海 . 2016. 种猪的重要疫病 [M]. 北京：中国农业出版社 .

潘耀谦，刘兴友，潘博 . 2016. 猪病诊治彩色图谱 [M]. 北京：中国农业出版社 .